看视频！零基础
学做正宗粤菜

甘智荣◎编著

U0394862

SPM
南方传媒　广东人民出版社
·广州·

图书在版编目（CIP）数据

看视频！零基础学做正宗粤菜 / 甘智荣编著. —广州：
广东人民出版社，2018.3（2022.9重印）
ISBN 978-7-218-12215-1

Ⅰ. ①看… Ⅱ. ①甘… Ⅲ. ①粤菜－菜谱 Ⅳ. ①TS972.182.65

中国版本图书馆CIP数据核字（2017）第271184号

Kan Shipin! Lingjichu Xuezuo Zhengzong Yuecai

看视频！零基础学做正宗粤菜

甘智荣　编著　　　　　　　　　　🍲　版权所有　翻印必究

出 版 人：肖风华

责任编辑：陈泽洪
封面设计：青葫芦
摄影摄像：深圳市金版文化发展股份有限公司
策划编辑：深圳市金版文化发展股份有限公司
责任技编：吴彦斌

出版发行　广东人民出版社
地　　址：广州市越秀区大沙头四马路10号（邮政编码：510199）
电　　话：（020）85716809（总编室）
传　　真：（020）83289585
网　　址：http://www.gdpph.com
印　　刷：中闻集团福州印务有限公司
开　　本：710毫米×1000毫米　1/16
印　　张：15　　　字　　数：220千
版　　次：2018年3月第1版
印　　次：2022年9月第11次印刷
定　　价：39.80元

如发现印装质量问题，影响阅读，请与出版社（020-87712513）联系调换。
售书热线：020-87717307

01
PART
认识粤菜

02
PART
清淡素菜,健康养生

03 PART

浓香畜肉，
家常美味

04 PART

特色禽蛋，营养鲜香

目录 Contents

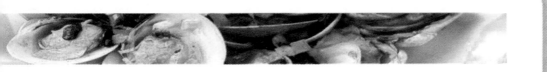

05
PART

粤味水产，
清鲜淡美

06
PART
粤菜拾遗，
风味长存

PART 01 认识粤菜

粤菜作为广府地区乃至岭南饮食文化的代表，享有很高的声誉，但不少人对粤菜没有全面的认识。在这趟粤味美食之旅的第一站，我们就详细地为大家介绍粤菜的历史、特点和构成；粤菜常用的烹饪方法和食材；粤菜中的特色调味品及其特有的养生文化。

粤菜的渊源与发展

粤菜，是中国八大菜系之一，具有悠久的历史，其选料严格、烹调工艺精细、味美清淡、中西结合，在内地及海外都有较大的影响。

「粤菜历史渊源」

广东地处南方海隅，古代交通不便，故与中原联系较少。在秦始皇统一六国，建立中央集权制国家后，南北交通有了发展，广东与中原内陆的来往日益密切。到了汉代，粤食已被中原汉人所了解，如《淮南子·精神篇》中就有"越人得蚌蛇，以为上肴"的记载。发展至唐代，在中原饮食文化的影响下，粤菜烹饪对火候和调料的运用已相当讲究。据唐朝刘恂的《岭表录异》记载："交趾之人……羹以羊鹿猪鸡肉和骨同一釜煮之，今极肥浓，涟去肉，进之葱姜，调以五味，贮以盆器，置于盘中。"那时，粤菜使用的调味料有酱、醋、姜、韭、椒、桂等。当时的人还能针对原料的产地和质地的不同，适当地运用不同的烹调方法。

南宋以后，宋室南迁，众多御厨和官家名厨云集浙、闽、粤三地，粤菜的技艺和特点因此日趋成熟。明清时期，珠江和韩江两个三角洲逐渐发展成商品农业的鱼米之乡，韶关、湛江等地的农业生产也趋兴旺。商品经济和农业的发展，带来了广东尤其是广州地区饮食文化的兴旺，粤菜的饮食文化进入高峰。清末，广州成为著名的通商口岸，外来的各种烹饪原料和烹饪技艺得以在此传播推广。粤厨广取"京都风味""姑苏风味"和"扬州炒卖"之长，贯通中西，最终形成了集南北风味于一炉、融中西烹饪于一体的独特风格，并在各大菜系中脱颖而出，名扬海内外。

「西餐烹调方法对粤菜的影响」

焗：焗是在已经成熟的食材表面淋上酱汁或芝士等，然后放到焗炉里，利用空气传热，使其表面焗上焦黄色的烹饪技巧。粤菜中的不少烤菜都应用到焗的烹调方法，因为有时候烤制上色不够理想，但食物内部已经成熟，那就要在焗炉里进行焗制上色。焗炉一般是开放式的，便于随时观察，因此容易把握上色的程度。可以说，焗制对粤菜的影响很大，有助于非焗类菜肴的上色，为粤菜的创新提供了很大的帮助；同时，焗炉还可用于菜肴的保温。

烤：烤的烹调方法源于欧洲，是西式烹饪中最为常用的烹饪方法之一。烤制法传入中国后，粤菜深受影响，产生很多烤制的菜肴，粤菜点心也在不断创新。粤菜中有名的金龙脆皮乳猪，最初是用木材烧制而成的，在烤的烹饪方法被粤菜厨师掌握后，他们便开始用烤代替烧，因为烤制的温度比烧制更为均

匀，且不会因烧木材产生的烟熏导致上色不均匀。粤点中的很多烤制点心，也是烤制法被粤厨掌握之后创新而成的，因其在密闭空间内烤制，温度能保持均匀，故口感更加酥脆。

扒：西式的扒制法进入中国后，应用广泛，扒制的菜肴有诱人的金黄色，而且其焦黄味尤为独特，所以粤厨们开始将这一方法运用到粤菜的烹饪中。粤菜中的煎，虽然和扒差别不大，但因为粤菜中既没有平底锅，也没有铁板扒炉，所以不容易煎出平整的菜肴。将扒引入粤菜之后，出现了很多扒制的菜肴，如香煎小牛排、中式猪扒等。

粤菜的特点

粤菜的食谱众多，烹调技艺精良，方法多样，其菜式特点可概括为"博、精、鲜、润"，即取材广泛，无所不吃（博）；制作精巧，追求享受（精）；食材新鲜，口味清淡（鲜）；讲究制汤，粥水不断（润）。

「博」

粤菜名扬天下，首先是从"无所不吃"开始。直到目前，这也是外省人、外国人对粤菜印象最深刻的一点。粤菜的取材非常广泛，据粗略估计，粤菜的用料达数千种，举凡各地菜系所用的家养禽畜，水泽鱼虾，粤菜无不用之；而各地所不用的蛇、鼠、猫、狗以及山间野味，粤菜则视为上肴。粤菜不仅主料丰富，而且配料和调料亦丰富多样。为突出主料的风味，粤菜选择配料和调料都十分讲究，配料不会杂，调料也是为了调出主料的原味，二者均以清新为本。讲求色、香、味、形，且以味鲜为主体。

「精」

粤菜选料精巧，精工烹制。它在配料、刀工、火候、烹饪时间、起锅、包尾、器皿、上菜方式等诸多环节都有着非常严格的要求。广州菜又称广府菜，是粤菜的代表。广府菜的基础是顺德菜，而顺德菜中有很多菜式以制作精美著称。例如，顺德清晖园过去有一道名菜"酿银芽"，是把金华火腿丝酿进小小的绿豆芽内，垫以炒鸡丝、冬菇丝、猪肉丝，精致典雅，口感绝佳，令人叫绝。做工精致这一特点令粤菜的品质维持在很高的水准，色香味俱佳，很大程度上刺激了食客的胃口，使进食变享受。

「鲜」

粤菜有两个显著的特点：清和鲜。所谓"清"，是指清淡；所谓"鲜"，是指鲜活。粤菜的口味清淡，体现在烹调方法上，就是强调原汁原味。粤菜一般只用少量姜、葱、蒜头做"料头"，而少用辣椒等辛辣性佐料，也不会大咸大甜。徐珂在《清稗类钞》中说："粤人嗜淡食。"粤菜追求食材的本味、清鲜味，如活蹦乱跳的海鲜、野味，要即宰即烹，多用蒸、煮等方法。粤菜又讲究食材的鲜活，"生猛海鲜"是粤菜的亮点之一。

「润」

善于制汤是粤菜与其他菜系的重要区别之一。由于气候的原因，粤菜十分注重汤水。《清稗类钞》记载："粤人……餐时必佐以汤。"粤菜中的汤已发展成了一种带有浓厚地方特色的文化。粤菜中的汤有三大功效：第一是佐餐，第二是养生，第三是辅助治疗各种疾病。首先是佐餐，岭南气候闷热，夏季漫长，除非借助风扇、空调帮忙，人们哪怕在家待着不动，都极易流汗，造成水分流失，汤恰恰能提供足够的水分，补充人体对水的生理需求。同时，美味可口的汤，诱人食欲，帮助人们打开味蕾，在高温难耐、没有食欲之时，汤品实是极佳的佐餐。在养生与辅助治疗疾病方面，汤能调理湿热气候对人体的影响，起到强身健体、养颜美容、清补滋润、消暑消热的作用，比如芥菜瑶柱煲猪肚汤，瑶柱提鲜，芥菜含有维生素A、B族维生素等营养成分，有健胃消食、提神醒脑、缓解疲劳等功效。

粤菜的构成

广东菜形成的三个主要地方流派，分别为广州菜、潮州菜和东江菜，三者各有不同的特色，其中又以广州菜为代表。

「广州菜」

广州菜包括珠江三角洲和肇庆、韶关、湛江等地的名食，是粤菜的主要组成部分，以味美色鲜、菜式丰盛而赢得"食在广州"的美誉。

广州菜的取料广泛，品种花样繁多，令人眼花缭乱，甚至连不识者会误认为是"蚂蝗"的禾虫，亦在烹制之列，且经粤厨之手，变成美味佳肴，令中外人士刮目相看。广州菜的另一个突出特点是，用量精而细，配料多而巧，装饰美而艳，而且善于在模仿中创新，品种繁多。广州菜的第三个特点是，注重质和味，口味比较清淡，力求清中求鲜、淡中求美，而且随季

节时令的变化而变化，夏秋清淡，冬春香浓，深受大众的喜爱。广州菜擅长小炒，要求火候和油温恰到好处。代表菜式有：龙虎斗、白灼虾、烤乳猪、香芋扣肉、黄埔炒蛋、炖禾虫、狗肉煲、五彩炒蛇丝等，都是饶有地方风味的广州名菜。

「潮州菜」

潮州府故属闽地，其语言和习俗与闽南相近。隶属广东之后，又受珠江三角洲的影响，故潮州菜接近闽、粤两个菜系，汇两家之长，自成一派。

潮州菜已有上千年的历史，据史料

记载，潮州菜的起源可追溯到汉代。盛唐之后，潮州菜更是得到飞速的发展，后至明末清初，潮州菜进入鼎盛时期。时至今日，潮州菜已经发展成为独具岭南文化特色、驰名海内外的中国名菜之一。

潮州菜以烹调海鲜见长，刀工技术讲究，口味偏重香、浓、鲜、甜。喜用鱼露、沙茶酱、梅羔酱、姜酒等调味品，甜菜较多，款式百种以上，都是粗料细作，香甜可口。潮州菜的另一特点是喜摆十二款，上菜次序又喜头、尾甜菜，下半席上咸点心。代表品种有：烧雁鹅、豆酱鸡、护国菜、什锦乌石参、葱姜炒蟹、干炸虾枣等，都是潮州特色名菜，流传岭南地区及海内外。

「东江菜」

东江菜又称客家菜，因客家人原是中原人，在汉末和北宋后期因避战乱南迁，聚居在广东东江一带。其语言、风俗尚保留中原固有的风貌，故菜品用料以肉类为主，原汁原味，极少水产，在做法上仍保留一些奇巧的烹饪技艺，具有古代中原的风貌。东江菜的主料突出，讲求酥、软、香、浓，下油重，味偏咸，注重火功，以炖、烤、煲、焗见称，尤以砂锅菜见长，有独特的乡土风味。东江菜以惠州菜为代表，代表菜肴有：东江盐焗鸡、东江酿豆腐、爽口牛丸等。

粤菜常用的烹饪方法

粤菜的烹饪方法有数十种之多，其中尤以炒、煎、焖、烩、煲、蒸、炖、炸、扒等见长，讲究火候，尤重现炒现吃，做出的菜肴注重色、香、味、形，口味以清、鲜、嫩、爽为主。

炒

炒是粤菜烹调中最常用、最广泛的一种烹调方法，指将经改切好的丁、条、丝、片等用适量的油进行翻炒至熟的一种方法。其特点是脆、嫩、滑、香。具体可分为生炒、熟炒、滑炒、干炒、抓炒、爆炒、软炒、清炒等。

煎

平常所说的煎，是指先把锅烧热，再以凉油涮锅，留少量底油，放入原料，先煎一面上色，再煎另一面。煎时要不停地晃动锅，以使原料受热均匀，色泽一致，使其熟透，食物表面会成焦黄色或者微煳状。

炖

炖是指将原材料加入汤水及调味品，先用旺火烧沸，然后转成中小火，长时间烧煮的烹调方法。炖出来的汤特点是：滋味鲜浓、香气醇厚。

烩

烩是指将原料油炸或煮熟后改刀，放入锅内加辅料、调料、高汤烩制的方法。具体做法是将原料投入锅中略炒或在滚油中过油或在沸水中略烫之后，放在锅内加水或浓肉汤，再加佐料，用大火煮片刻，然后加入芡汁拌匀至熟。这种方法多用于烹制鱼虾和肉丝、肉片等。

扒

扒是将改刀后的原料排放整齐，再用葱、姜、蒜炝锅，将原料下锅，加入调味品。慢火烧熟后，用湿淀粉勾芡，淋明油出锅的一种烹饪方法。

蒸

蒸是一种常见的烹饪方法，其原理是将经过调味后的原材料放在容器中，以蒸汽加热，使其成熟或酥烂入味，其特点是保留了菜肴的原形、原汁、原味。

炸

炸是将原料经刀工处理后入味或不入味，挂糊或不挂糊用多量油炸至成熟的一种方法。具体可分为清炸、干炸、软炸、酥炸、脆炸、松炸、纸包炸。

焖

焖是从烧演变而来的，是将加工处理后的原料放入锅中加适量的汤水和调料，盖紧锅盖烧开后改用中火进行较长时间的加热，待原料酥软入味后，留少量味汁成菜的烹饪技法。焖可以分为很多种，按预制加热方法分，可分为原焖、炸焖、爆焖、煎焖、生焖、熟焖、油焖。

粤菜食材概览

粤菜的食材除了一般常用的肉、菜、菌、豆外，还有一些具有地方特色或使用较为频繁的原料，赶快来了解一下吧！

广东菜心

又称菜薹，是中国广东的特产蔬菜。主薹与侧薹供食，品质脆嫩，风味独特，营养丰富，每百克食用部分含维生素C79毫克，有杀菌、解毒、降血脂的功效，可炒食、煮汤。

西蓝花

西蓝花性凉、味甘，可补肾填精、健脑壮骨、补脾和胃。其品质柔嫩，纤维少，水分多，风味鲜美。西蓝花焯煮后再炒制，不仅口感更佳，还最大程度地保留了其营养。

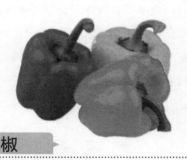

彩椒

彩椒含有多种维生素及微量元素，不仅可改善黑斑及雀斑，而且具有消暑、补血、消除疲劳、预防感冒和促进血液循环等功效。

荷兰豆

荷兰豆性平、味甘，具有和中下气、利小便、解疮毒等功效，能益脾和胃、生津止渴、除呃逆、止泻痢、解渴通乳、治便秘。其嫩梢、嫩荚、籽粒质嫩清香，极受人们的喜爱。

芥菜

芥菜有提神醒脑、解毒消肿、明目利膈、宽肠通便的功效，可用蒸、煮或炒等方式烹饪，和大麦、黑米、荞麦、马铃薯及豆类搭配均可，和沙司、面包糊搭配味道也不错。做汤时加入芥菜可使菜肴略带辣味，芥菜腌制后味道鲜美，可以增进食欲，加强胃肠消化功能。

芥蓝

芥蓝能刺激人的味觉神经，增进食欲，还可加快胃肠蠕动，有助消化。芥蓝的花薹和嫩叶品质脆嫩，爽而不硬，脆而不韧，以炒食最佳，如芥蓝炒牛肉、炒腰花。广东人炒芥蓝时放少量豉油、糖调味，起锅前加入少量料酒。另外可用沸水焯熟作凉拌菜。

清远鸡

产于广东省清远市清新区，又名清远走地鸡，就是家养土鸡。因母鸡背侧羽毛有细小黑色斑点，故称麻鸡。它以体型小、皮下和肌间脂肪丰富、皮薄骨软而著名。清远鸡不受烹饪方法的限制，炖、焖、烤、清蒸、盐焗均可成为佳肴。

马冈鹅

因源于广东省开平市马冈镇而得名。马冈鹅皮薄，肉质好，吃起来口感嫩滑，鹅肉的味道也比较浓。用它做的菜肴，如传统烧鹅、狗仔鹅、芋仔炊鹅、卤水鹅、鹅㽘汤、豉油鹅、甜酸鹅、柠檬鹅、话梅鹅、白斩鹅等菜式深受食家欢迎。

黄花鱼

黄花鱼含有蛋白质、脂肪、维生素 B_1、B_2 和烟酸、钙、磷、铁、钾、碘等成分，对人体有很好的补益作用，可油炸、煲汤、清蒸。

鲳鱼

鲳鱼具有益气养血、补胃益精、滑利关节、柔筋利骨之功效，对消化不良、脾虚泄泻、贫血、筋骨酸痛等有很好的食疗效果。

多宝鱼

　　多宝鱼的胶质蛋白含量高，味道鲜美，营养丰富，具有滋润皮肤和美容的作用，且能补肾健脑，助阳提神。多宝鱼一般的吃法是整条清蒸，属传统的粤菜吃法。

基围虾

　　基围虾营养丰富，味道鲜美，其肉质松软，易消化，对于身体虚弱以及病后需要调养的人是极好的食物。

濑尿虾

　　又叫虾蛄，皮皮虾等。味道鲜美，是沿海城市宾馆饭店餐桌上广受欢迎的佳肴。濑尿虾的烹饪方法，一般有椒盐和清蒸两种。以清蒸为多，辅以生抽、醋、姜末调成的蘸料食用。

龙虾

　　又名大虾、龙头虾、虾魁、海虾等。龙虾不仅肉质洁白细嫩，味道鲜美，高蛋白，低脂肪，营养丰富，还有药用价值，能化痰止咳，促进手术后的伤口生肌愈合。

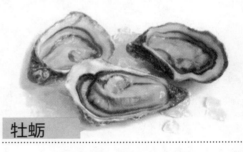

牡蛎

　　又叫生蚝。牡蛎富含蛋白质、锌、欧米伽3脂肪酸及酪氨酸，胆固醇含量低。其中锌含量极高，有助改善男性性功能。

蛏子

　　蛏肉味道鲜美，营养丰富，还有一定的医药作用，具有补虚的功能。蛏子肉味甘、咸，性寒，有清热解毒、补阴除烦、益肾利水、清胃治痢、产后补虚等功效。

干贝

干贝具有滋阴补肾、和胃调中的功能，能治疗头晕目眩、咽干口渴、虚痨咳血、脾胃虚弱等症，常食有助于降血压、降胆固醇、补益健身。

蚬子

蚬肉中含有蛋白质、钙、磷、铁、硒等人体所需的营养物质；所含微量的钴对维持人体造血功能和恢复肝功能有较好效果。

带鱼

带鱼具有暖胃、泽肤、补气、养血、健美等功效，肉质细腻，没有泥腥味，易加工且可与多种食材搭配，常见做法有清炖、清蒸、油炸、红烧，也可以做干锅、火锅等。鱼肉易于消化，是老少咸宜的家常菜。

蛤蜊

蛤又叫蛤蜊，含有蛋白质、脂肪、碳水化合物、铁、钙、磷等多种成分，其热能低、蛋白高、微量元素丰富、脂肪少，食用能防治中老年人慢性病，是物美价廉的海产品。其肉质鲜美无比，被称为"天下第一鲜"。

鱿鱼

鱿鱼富含蛋白质、钙、磷、维生素B_1等多种人体所需的营养成分。但鱿鱼性质寒凉，脾胃虚寒的人应少吃，又是发物，因此患有湿疹、荨麻疹等疾病的人忌食。鱿鱼适于爆、炒、烧、烩、汆等多种烹饪方法。

颇具特色的粤菜调味品

粤菜使用的调味品丰富，除了一般的常用调味料之外，粤菜中的蚝油、鱼露、柱侯酱、咖喱粉、柠檬汁、沙茶酱、五香盐、姜汁酒、火腿汁、果汁、糖浆、糖醋汁、川椒酒、卤水、西汁、淮盐、豉油皇汁、橘油等都独具一格，为其他菜系所无。这些调味料对粤菜的独特风味有举足轻重的作用，蚝油、鱼露、柱侯酱、咖喱粉、柠檬汁、沙茶酱可直接在市场上买到，其他的则需要自己动手制作。

糖浆

将麦芽糖30克用沸水溶解，冷却后加浙醋15克、干淀粉15克、绍酒10克搅成糊状即可。

橘油

用制橘饼时压榨出来的原配糖煮制成。色棕黑，味酸甜香醇，为潮汕地区特产。

姜汁酒

将姜块500克磨成泥，装入白纱布袋扎紧袋口，盛在碗中，倒入绍酒500克浸泡，用时挤姜汁调匀即可。

火腿汁

将熟火腿500克用盅盛载，加入上汤1000克，入蒸笼蒸约2小时至火腿软烂，撇去浮油即成。

川椒酒

将川椒50克炒香，晾凉，加米酒500克浸1天即可。川椒炒后可增香并易出味。

糖醋汁

将麦芽糖80克、浙醋50克、白醋500克、糯米酒10克调匀，加热至麦芽糖溶解即可。

淮盐

用中火烧热炒锅，放入盐500克，炒至烫手而有响声，端离火口，倒入五香粉20克，拌匀即可。

豉油皇汁

用上汤、鱼骨熬成鱼汤500克，加白糖50克、味精50克、双黄生抽250克、胡椒粉5克烧沸和匀即可。

五香盐

将五香粉10克、八角末5克、盐350克、白糖150克调匀即可。

卤水

卤水分为精卤水和白卤水。

精卤水：将八角80克、丁香30克、甘草100克、苹果30克、桂皮100克、沙姜粉25克、陈皮25克、罗汉果1个，一并放入布袋，用绳扎紧袋口做成料袋。将瓦盆放在火上，下花生油200克，加姜块100克、长葱条250克爆香，放入浅色酱油5000克、绍酒2500克、冰糖2100克和料袋一同烧至微沸，再转用小火煮半小时，弃除姜、葱，取出料袋，撇去浮沫即可。

白卤水：又称香露水。先将八角5克、丁香7克、苹果8克、花椒6克、甘草6克、干沙姜9克、桂皮5克用纱布裹好，放入卤锅中，加入沸水2500克，用小火熬煨1小时，再加高汤1000克，小火熬半小时即可。白卤水适宜烹制香鲜咸类本色系列的粤式卤味。

粤菜烹调小技巧

众所周知，粤菜非常讲究烹调的技艺，同时，粤菜原料广博，不同的食材就有不同的处理方法，因此，在烹制粤菜的过程中掌握以下技巧，就能做出正宗又营养的美味菜肴。

「蔬菜烹饪的健康小贴士」

蔬菜买回家后，不要马上整理，因为买回来的蔬菜，像包菜的外叶、莴笋的嫩叶、毛豆的荚都是活的，它们的营养物质仍然在向可食用的部分供应，所以保留它们有利于保存蔬菜的营养物质。而整理以后，营养物质容易丢失，菜的品质自然下降，因此蔬菜应现理现炒。此外，蔬菜不要先切后洗，因为先洗后切的蔬菜，维生素C可保留98.4%～100%；如果先切后洗，蔬菜的维生素C就只能保留73.9%～92.9%。正确的做法是：把叶片剥下来清洗干净后，再用刀切成片、丝或块，随即下锅烹炒。还有，蔬菜不宜切得太细，过细容易丢失营养素。据研究，蔬菜切成丝后，维生素仅保留18.4%。至于

花菜，洗净后只要用手将一个个绒球肉质花梗团掰开即可，不必用刀切，因为用刀切时，肉质花梗团便会破碎不成形。当然，最后剩下的肥大主花大茎要用刀切开。总之，能够不用刀切的蔬菜就尽量不用刀切。

「锁住肉类营养的小诀窍」

肉类食物采用不同的烹调方法，其营养损失的程度也有所不同。如蛋白质，在炸的过程中损失可达8%～12%，煮和焖则损耗较少；B族维生素在炸的过程中损失45%，煮为42%，焖为30%。可见肉类在烹制过程中，焖制损失营养最少。另外，如果把肉剁成肉泥，与面粉等做成丸子或肉饼，其营养损失要比直接炸和煮减少一半。而在炖煮肉类时，要少加水，以使汤汁滋味醇厚。在煮、炖的过程中，水溶性维生素和矿物质溶于汤汁内，如随汤一起食用，会减少损失。因此，在食用红烧、清炖及蒸、煮的肉类及鱼类食物时，应连汁带汤都吃掉。另外，肉类和蒜一起烹饪会更有营养。动物食材中，尤其是瘦肉中含有丰富的维生素B_1，但维生素B_1并不稳定，在人体内停留的时间较短，会随尿

液大量排出。大蒜中特有的蒜氨酸和蒜酶接触后会产生蒜素，肉中的维生素B_1和蒜素结合能生成稳定的蒜硫胺素，从而提高肉类中维生素B_1的含量。不仅如此，蒜素还能延长维生素B_1在人体内的停留时间，提高其在胃肠道的吸收率和人体内的利用率。

「烹调海鲜的秘诀」

粤菜中的水产海鲜菜历来是一大亮点，要做出鲜嫩健康的美味海鲜，则需要掌握一些小秘诀。海鲜的初步加工和蔬菜、肉类不大一样。一般来说，海鲜食材主要讲究鲜味，所以海鲜的初步加工是从选购、保鲜开始的。例如，鱼类的加工可用一把厨房剪刀来处理，去鱼鳞、破肚、剔除内脏、剪掉鱼鳍都很方便。虾类的加工，虾头一般用手掰去，从虾腹部位剥去虾壳，再用小刀，将虾背划开，用牙签剔除肠线，虾尾可保留，这样可美化菜相。小螃蟹冲净后可直接下锅，大一点的螃蟹可剁成块状。再者，海鲜的烹调重点在于去腥及保鲜。如：剁开的蟹块须沾上淀粉后过一道油，这是锁住鲜味的技巧，切不可偷懒省去。鱼虾、贝类等海鲜，加热时

间皆不宜太久，目的在于确保鲜味不流失。如果用微波炉烘烤或蒸食，就要控制好加热时间，否则容易造成原汁流失，影响成菜口感。

「制作广式靓汤的关键」

要煲制一份美味又滋补的广式靓汤，首先要注意主料和调味料的搭配。常用的花椒、生姜、胡椒、葱等调味料，这些都起去腥增香的作用，一般都是少不了的，针对不同的主料，需要加入不同的调味料。比如烧羊肉汤，由于羊肉膻味重，调料如果不足的话，做出来的汤就是涩的，这就得多加姜片和花椒了。但调料下多了，容易产生太多的浮沫，这就需要在做汤的后期耐心地将浮沫打掉。其次是要学会选择优质且合适的配料。一般来说，广式汤煲会根据季节的不同，加入时令蔬菜作为配料。比如炖酥肉汤的话，春夏季就加入菜头做配料，秋冬季就加白萝卜。而那些比较特殊的主料，则需要加入特别的配料，如牛羊肉烧汤，吃了很容易上火，这就需要加去火的配料，比如白萝卜，二者合炖食用，则不易上火。最后还要注意煲汤的原料应冷水下锅。制作老火靓汤的原料一般都是整只整块的动物肉类，如果投入沸水中，食材表层的细胞骤然受到高温，很容易凝固，这会影响食材内部的蛋白质等物质溢出，成汤的鲜味便会不足。煲老火靓汤讲究"一气呵成"，不应中途加水，因为这样会使汤水温度突然下降，肉内的蛋白质突然凝固，无法充分溶解于汤中，也有损于汤的美味。

"煲你健康"——老火靓汤的养生之道

粤式靓汤，天下闻名。想象一下，灶上摆着砂锅，里面的汤正"咕嘟""咕嘟"地响着，食材煮熟的香味已飘满整间屋子，这一刻将多么美好！老火靓汤，让你从还未喝它开始就倍感愉悦，养心养面。

广东老火靓汤渗透着中医"医食同源"的饮食理念。中医认为汤能健脾开胃、利咽润喉、祛热散湿、补益强身，广东老火靓汤将这种中医养生保健理念运用到了极致。在人们的日常养生、防治疾病、强身健体、美容养颜等方面都发挥了重要的作用。

饮用老火靓汤，适时最为重要。"根据季节，选择合适的汤料煲汤"是广东老火靓汤的特色。春季阳气升发，万物萌发，肝气旺盛，饮食应以养肝益阳、爽胃利肠为主；夏季天气炎热，心气旺盛，出汗多，易伤精耗气，此时要以益气养气、健脾利湿、消暑散热、解毒为主；秋季万物成熟，秋高气爽，阳气始敛，阴气渐长，养生上注意收敛精气，饮食上应润燥护阴；冬季湿冷，阴寒盛极，阳气闭藏，养生应注意敛阳护阴，以养藏为本。因此，春季宜用猪、鸡、鸽、鹌鹑、鱼等食材，配上党参、太子参、黄芪、栗子、核桃仁、香菇等食材来煲汤，如参芪乳鸽汤、八宝鹌鹑汤等。夏季宜选用鱼、鸭、瘦肉、火腿，配以沙参、玉竹、白扁豆、赤小豆、绿豆、芡实、薏米、冬瓜、荷叶、海带等煲汤，如荷叶冬瓜赤小豆汤、冬瓜薏米水鸭汤、海带绿豆瘦肉汤等。秋季宜选用鸡、鸭、鱼、甲鱼、瘦肉，配以川贝、麦冬、沙参、冬虫草、黄芪、莲子、杏仁等食材，煲煮南北杏菜干猪肺汤、雪耳雪梨瘦肉汤等。冬季宜选用牛、羊、乌骨鸡、黄鳝、甲鱼，配以人参、鹿茸、阿胶、灵芝、核桃等食材，煲出补气补阴汤。

广东气候炎热，春夏季湿热，秋冬季燥热，所以很多老火靓汤都有清热祛湿润肺的功效。其中清热败火的汤品最多，选用的食材多是山药、芡实、百合、莲子、薏米、玉竹、党参等，主料则是清淡不油腻的去皮鸽子。该汤清润，非常适合在炎热的夏季饮用。广东夏季闷热，很多人喉咙都会感觉不舒服，因此有很多具有润喉止咳功效的老火靓汤，常见的止寒咳嗽的汤有海底椰煲鸡骨、椰子煲乌骨鸡等，止热咳嗽的汤有南北杏菜干煲猪肺、西洋菜腊鸭肾煲猪骨等。

PART 02 清淡素菜，健康养生

　　素菜通常指的是用蔬菜、豆制品、菌菇等植物性原料烹制而成的菜肴。含有维生素、水及少量的脂肪、糖类，营养丰富，有利于人体健康。粤菜中的素菜做法新颖，调味清淡，吃起来别有一番风味。追求健康的你，想必不愿意错过这一站的素食美味。

扫一扫看视频

菌菇烧菜心

⏱ 15分钟　🍖 增强免疫

原料：杏鲍菇50克，鲜香菇30克，菜心95克

调料：盐2克，生抽4毫升，鸡粉2克，料酒4毫升

做法

1 将洗净的杏鲍菇切成小块，锅中注入清水烧开，加入料酒。

3 锅中注入清水烧热，倒入焯过水的食材，盖上盖，用中小火煮10分钟至食材熟软。

烹饪小提示

杏鲍菇入锅炒制的时间不宜过长，以免影响其口感。

2 倒入杏鲍菇块，煮2分钟，倒入洗好的香菇，略煮一会儿，捞出，沥干待用。

4 揭盖，加入盐、生抽、鸡粉，拌匀。

5 放入洗净的菜心，拌匀，煮至变软，关火盛出食材即可。

白灼菜心

⏱ 3分钟　🍽 开胃消食

扫一扫看视频

原料： 菜心400克，姜丝、红椒丝各少许
调料： 盐2克，生抽5毫升，味精3克，鸡精3克，芝麻油、食用油各适量

做法

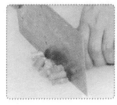

1 将洗净的菜心修齐，锅中加入约1500毫升清水，大火烧开，加入食用油、盐。

2 放入菜心，煮约2分钟至熟，将煮好的菜心捞出，沥干备用。

3 生抽加味精、鸡精、煮菜心的汤汁、姜丝、红椒丝、芝麻油拌匀，制成味汁。

4 将调好的味汁盛入味碟中，食用菜心时佐以味汁即可。

扫一扫看视频

菜心烧百合

🕐 1分30秒　　🍲 养心润肺

原料： 菜心300克，百合40克，蒜末少许
调料： 盐2克，鸡粉、白糖各少许，米酒4毫升，水淀粉、黑芝麻油、食用油各适量

做法

1 将洗净的菜心切去根部，再切成小段，待用。

2 用油起锅，下入蒜末，用大火爆香，倒入切好的菜心，快速翻炒几下，至其变软。

3 淋入米酒，放入洗净的百合，翻炒至全部食材熟透，调入盐、鸡粉、白糖，炒匀。

4 注入少许清水，略煮片刻至菜梗熟透，再倒入适量水淀粉和黑芝麻油，翻炒至食材入味，关火盛出。

扫一扫看视频

西芹百合炒白果

🕐 2分钟　　🍲 安神助眠

原料： 西芹150克，鲜百合100克，白果100克，彩椒10克
调料： 鸡粉2克，盐2克，水淀粉3毫升，食用油适量

做法

1 彩椒洗净切开，去籽，切成大块；西芹洗净，切成小块。

2 锅中注入适量清水，用大火烧开，倒入备好的白果、彩椒、西芹、百合，略煮后捞出备用。

3 热锅注油，倒入焯好水的食材，加入少许盐、鸡粉，翻炒均匀。

4 淋入少许水淀粉，翻炒片刻，关火后盛出即可。

西芹炒百合

⏱ 2分钟　🧠 防癌抗癌

原料： 西芹100克，百合20克，胡萝卜50克，姜片、葱白各少许
调料： 盐2克，鸡粉1克，食用油适量

做法

1 胡萝卜洗净切片；西芹洗净切段。

2 水锅烧开，倒入西芹段焯煮片刻，再倒入胡萝卜片和洗净的百合拌匀，捞出。

3 炒锅热油，倒入西芹段、胡萝卜片、百合，翻炒片刻。

4 加入盐、鸡粉，拌炒约1分钟入味。

烹饪小提示

因为百合微苦，所以焯百合的水中加少许糖可令百合的味道更加清甜。

5 倒入姜片、葱白炒香，再淋入少许清水，快速拌炒匀，盛出即可。

草菇烩芦笋

⏱ 1分30秒　🍽 开胃消食

原料： 芦笋170克，草菇85克，胡萝卜片、姜片、蒜末、葱白各少许

调料： 盐2克，鸡粉2克，蚝油4克，料酒3毫升，水淀粉、食用油各适量

扫一扫看视频

做法

1 把洗好的草菇切成小块，洗净去皮的芦笋切成段。

2 锅中注水烧开，放盐、油、草菇块、芦笋段，待全部食材断生后捞出。

3 用油起锅，放入胡萝卜片、姜片、蒜末、葱白爆香，倒入食材、料酒，炒匀。

4 放入蚝油、盐、鸡粉，翻炒至熟软，倒入水淀粉勾芡，关火后盛出菜肴即可。

椰汁草菇扒苋菜

⏱ 2分钟　🍽 降低血压

原料： 苋菜200克，草菇150克，椰汁90毫升，姜末、蒜末各少许

调料： 盐3克，鸡粉2克，水淀粉、芝麻油、食用油各适量

扫一扫看视频

做法

1 苋菜洗净切段；草菇洗净，对半切开。

2 锅中注水烧开，加入油、盐、苋菜段，煮1分钟，捞出；倒入草菇，煮1分钟，捞出。

3 用油起锅，放入姜末、蒜末爆香，倒入草菇，翻炒一会儿，倒入清水、盐、鸡粉、椰汁，炒匀、炒香。

4 倒入水淀粉勾芡，淋入芝麻油，炒匀，至食材入味后关火，先在盘中放入苋菜段，再盛出菜肴，摆盘即成。

草菇扒芥蓝

⏱ 4分钟　　🫁 增强免疫

扫一扫看视频

原料： 芥蓝350克，草菇150克，胡萝卜少许
调料： 盐3克，鸡粉、白糖、蚝油、老抽、水淀粉、高汤、芝麻油、食用油各适量

做法

1 芥蓝洗净，切开菜梗；草菇洗净切片；胡萝卜洗净切片。

2 锅中注水，加盐、食用油，大火烧开，放入芥蓝，焯煮约1分钟至熟，捞出备用。

3 锅中倒入高汤，煮沸，放入胡萝卜片、草菇、盐、鸡粉、白糖、蚝油、老抽，拌匀调味。

4 大火煮开，加入少许水淀粉、芝麻油，拌匀，将草菇、汤汁浇在芥蓝上即成。

扫一扫看视频

姜汁芥蓝烧豆腐

⏱ 1分30秒　🦵 瘦身排毒

原料： 芥蓝300克，豆腐200克，姜汁40毫升，蒜末、葱花各少许

调料： 盐4克，鸡粉4克，生抽3毫升，老抽2毫升，蚝油8克，水淀粉8毫升，食用油适量

做法

1 将洗净的芥蓝去除多余的叶子，梗切成段，洗好的豆腐切开，改切成小块。

2 锅中注水烧开，倒入姜汁、食用油、盐、鸡粉、芥蓝梗，煮1分钟，捞出。

3 煎锅注油烧热，加盐、豆腐块，煎出焦香味，翻面，煎至金黄色，取出。

4 起油锅，蒜末、葱花、水、盐、鸡粉、生抽、老抽、蚝油、水淀粉制成芡汁浇在食材上。

4分钟

开胃消食

蚝油豆腐

原料: 豆腐150克,瘦肉100克,胡萝卜50克,青椒15克,葱花少许

调料: 盐5克,鸡粉2克,生抽4毫升,料酒5毫升,蚝油8克,老抽2毫升,水淀粉、食用油各适量

烹饪小提示

焯煮豆腐时要控制好火候,火过大容易把豆腐煮碎,影响成品外观。

做法

1 豆腐洗净,切小方块;胡萝卜去皮洗净切薄片,再切成丝,改切成粒。

2 青椒洗净去籽,切条形,再切成丁;瘦肉洗净切碎,剁肉末。

3 锅中注水烧开,加3克盐,放入豆腐块,煮约1分钟,捞出豆腐,沥干备用。

4 起油锅,放入肉末,炒至转色,倒入胡萝卜粒、青椒丁、生抽、料酒,拌炒香。

5 倒入豆腐、清水、蚝油、老抽,炒匀煮沸,再加盐、鸡粉,小火煮1分钟。

6 转大火收汁,倒入少许水淀粉、葱花,拌炒均匀,将锅中材料盛出装盘即成。

扫一扫看视频

木耳烩豆腐

⏱ 4分钟　🫁 清热解毒

原料： 豆腐200克，木耳50克，蒜末、葱花各少许
调料： 盐3克，鸡粉2克，生抽、老抽、料酒、水淀粉、食用油各适量

做法

1 把洗好的豆腐切成条，再切成小方块，洗净的木耳切小块。

2 锅中注入适量清水烧开，加少许盐，豆腐块煮1分钟捞出，木耳块煮半分钟捞出。

3 用油起锅，放蒜末爆香，倒木耳块、料酒、清水、生抽、盐、鸡粉、老抽，煮沸。

4 放入豆腐块，搅匀，煮2分钟至熟，倒入适量水淀粉勾芡，盛出撒少许葱花即可。

素烩腐竹

⏱ 4分钟　🧠 降压降糖

扫一扫看视频

原料： 泡发腐竹160克，香菇80克，西芹40克，高汤适量，胡萝卜、姜、葱段各少许

调料： 盐3克，鸡粉2克，味精、食用油各适量

做法

1 腐竹洗净切段；胡萝卜洗净切片；香菇洗净切块；西芹洗净切段；姜洗净切片。

2 炒锅注水，倒入香菇、胡萝卜片，拌匀，倒入腐竹段，拌匀，放入姜片。

3 加入适量盐、味精、鸡粉，拌匀调味，倒入西芹段，拌匀略煮。

4 倒入高汤，搅拌匀，撒入葱段，拌匀，将煮好的菜肴盛出装碗即可。

扫一扫看视频

⏱ 1分钟

降低血压

蚝汁口蘑荷兰豆

原料： 口蘑100克，荷兰豆100克，彩椒50克，熟白芝麻少许

调料： 盐3克，鸡粉2克，蚝油6克，料酒6毫升，水淀粉、食用油各适量

烹饪小提示

焯煮荷兰豆时，至其呈深绿色即可捞出，以免口感变老。

做法

1 口蘑洗净切片；彩椒洗净切条，再切成小块；荷兰豆洗净，切去头尾。

2 锅中注入清水烧开，加入食用油、盐，倒入口蘑片、彩椒块，淋入料酒拌匀。

3 放荷兰豆，煮约半分钟，断生后捞出。

4 用油起锅，放入食材炒匀，淋入料酒，炒香炒透，加盐、鸡粉、蚝油，翻炒匀。

5 倒入水淀粉，翻炒一会儿，至食材熟软、入味。

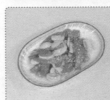

6 关火后盛出炒好的菜肴，装在盘中，撒上熟白芝麻即成。

扫一扫看视频

扫一扫看视频

荷兰豆金针菇

⏱ 2分钟　🍲 增强免疫

原料： 荷兰豆150克，金针菇180克，姜丝、红辣椒丝、蒜蓉各少许

调料： 盐2克，鸡精、料酒、水淀粉、芝麻油、食用油各适量

做法

1 将洗好的荷兰豆切成丝，将切好的荷兰豆装入盘中。

2 锅中注水，注油煮沸，放入荷兰豆丝焯煮至熟，捞出沥水备用。

3 锅中倒入清水、盐、料酒，煮沸，放入洗净的金针菇，焯煮至熟，捞出。

4 热锅注油，倒入姜丝、蒜蓉、红辣椒丝爆香，加入荷兰豆丝、金针菇、盐、鸡精、料酒，略炒，加水淀粉勾芡和芝麻油，拌炒匀即可。

荷兰豆炒彩椒

⏱ 1分30秒　🍲 增强免疫

原料： 荷兰豆180克，彩椒80克，姜片、蒜末、葱段各少许

调料： 料酒3毫升，蚝油5克，盐2克，鸡粉2克，水淀粉3毫升，食用油适量

做法

1 彩椒洗净切成条。

2 锅中注水烧开，加食用油、盐，倒入洗净的荷兰豆煮半分钟，放入彩椒条，搅拌匀，煮约半分钟后捞出。

3 用油起锅，放姜片、蒜末、葱段爆香，倒入食材翻炒，加入料酒、蚝油、盐、鸡粉，炒匀调味。

4 淋入适量水淀粉，把锅中食材翻炒均匀后盛出即可。

扫一扫看视频

松仁荷兰豆

⏱ 2分钟　　🫘 增强免疫

原料： 松仁30克，荷兰豆250克，红椒、葱各20克，蒜少许
调料： 盐3克，味精2克，白糖、食用油各适量

做法

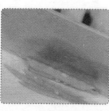

1 荷兰豆去筋洗净，切丝，蒜去皮洗净，切末，红椒洗净，去籽切丝，葱洗净切段。

2 锅中注入食用油，烧热，倒入松仁，炸至米黄色后捞出。

3 锅底留油，入蒜末、红椒丝、葱末煸香，倒入荷兰豆丝、盐、味精、白糖，炒匀。

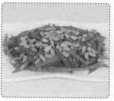

4 将炒好的荷兰豆丝盛出装盘，放上炸好的松仁即成。

扫一扫看视频

松仁玉米炒黄瓜丁

🕐 3分钟　　🍲 降低血压

原料： 玉米粒200克，松子仁100克，黄瓜85克，花生仁200克，葱花、蒜末各少许

调料： 盐2克，鸡粉、白糖各少许，水淀粉适量

做法

1 黄瓜洗净切条，去瓤切丁；榨油机预热5分钟后倒入花生仁，进入自动榨油模式。

2 往深锅套装中注油，待油温升至120度，放入松子仁，降温搅拌，呈金黄色时捞出。

3 热锅倒入花生油，蒜末爆香，放入洗净的玉米粒，炒匀炒香，断生后倒入黄瓜丁，注水炒匀，高温略煮。

4 加白糖、鸡粉、盐，炒匀，用水淀粉勾芡，撒上葱花，炒熟，盛出，放入松子仁即可。

扫一扫看视频

彩椒炒口蘑

🕐 1分30秒　　🍲 开胃消食

原料： 彩椒120克，口蘑60克，蒜末、葱段各少许

调料： 盐2克，鸡粉2克，生抽3毫升，料酒、水淀粉、食用油各适量

做法

1 彩椒洗净切成小块；口蘑洗净切成小块。

2 锅中倒入清水烧开，加入少许食用油，放入口蘑，拌匀，焯煮半分钟，把焯过水的口蘑捞出。

3 用油起锅，放蒜末、葱段爆香，倒入备好的彩椒块、口蘑，拌炒匀，淋入料酒，加入盐、鸡粉、生抽，炒匀调味。

4 倒入适量水淀粉，快速拌炒匀，盛出即可。

扫一扫看视频

白果炒苦瓜

🕐 1分钟　☁ 降低血压

原料： 苦瓜130克，白果50克，彩椒40克，蒜末、葱段各少许

调料： 盐3克，水淀粉、食用油各适量

做法

1 彩椒洗净切成小块；苦瓜洗净切开，去除瓜瓤，再切条形，改切成小块。

2 锅中水烧开，加入苦瓜块、盐，煮1分钟；放入洗净的白果，煮至断生，捞出。

3 用油起锅，放入蒜末、葱段，爆香，倒入彩椒块，炒匀。

4 再放入苦瓜块、白果，快速翻炒片刻，加入适量盐，炒匀调味。

烹饪小提示

白果有微毒，焯煮前可将其泡发涨开，这样能有效去除其所含的有毒物质。

5 倒入水淀粉，翻炒一会儿，至食材熟透、入味，盛出即可。

蜜汁苦瓜

⏱ 2分30秒　☁ 降低血压

扫一扫看视频

原料： 苦瓜130克，蜂蜜40毫升
调料： 凉拌醋适量

做法

1 苦瓜洗净切开，去除瓜瓤，用斜刀切片。

2 锅中注水烧开，倒入切好的苦瓜片，搅拌片刻，再煮约1分钟，至食材熟软后捞出。

3 将焯煮好的苦瓜片装入碗中，倒入蜂蜜，再淋入适量凉拌醋。

4 搅拌一会儿，至食材入味，取一个干净的盘子，盛出拌好的苦瓜片即成。

苦瓜炒腐竹

⏱ 2分钟　🧠 提神健脑

原料： 苦瓜150克，水发腐竹100克，蒜末、葱白各少许

调料： 盐3克，鸡粉2克，生抽2毫升，老抽2毫升，水淀粉、食用油各适量

做法

1 腐竹洗净切长段；苦瓜洗净对半切开，去籽，切成片。

2 锅中注水烧开，加入食用油、盐、苦瓜片，煮约1分钟，捞出备用。

3 用油起锅，下蒜末、葱白爆香，放入焯好的苦瓜片，炒匀，放入腐竹，炒匀。

4 加入生抽、老抽、盐、鸡粉、清水，翻炒片刻，倒入水淀粉，炒匀即可。

扫一扫看视频

椒盐茄盒

⏱ 3分钟　🧠 降低血脂

原料： 茄子100克，肉末150克，鸡蛋1个，红椒末、蒜末、葱花、洋葱末、味椒盐各适量

调料： 生粉、料酒、味精各少许

做法

1 将去皮洗净的茄子切双飞片，放入清水中浸泡备用。

2 鸡蛋打入碗内，搅散，加生粉调匀，茄子撒上生粉，刀口处塞满肉末，将酿好的茄片裹上蛋液，再用生粉裹匀。

3 热锅注油，烧至五成热，放入酿好的茄片炸约2分钟捞出。

4 用油起锅，放入红椒末、蒜末、洋葱末、味椒盐炒香，倒入茄片，加料酒、味精、葱花炒匀，盛出即可。

扫一扫看视频

茄子焖油条

⏱ 9分30秒　🫃 降低血脂

扫一扫看视频

原料： 青茄子150克，油条2根，蒜末、姜片、葱白各少许

调料： 豆瓣酱15克，盐、白糖各3克，鸡粉2克，生抽、老抽各3毫升，料酒4毫升，水淀粉10毫升，食用油适量

做法

1 把油条切成小段，备用；青茄子洗净对半切开，切滚刀块。

2 起油锅，爆香姜片、蒜末、葱白，放入茄子、料酒炒匀，注入清水，翻炒均匀。

3 放入盐、鸡粉、白糖、生抽、老抽、豆瓣酱，翻炒后小火焖约5分钟，至熟软。

4 放入油条，拌匀，小火焖约2分钟至油条入味，倒入少许水淀粉勾芡，盛出即成。

扫一扫看视频

⏱ 13分钟

🫁 降低血压

清蒸茄子

原料： 茄子300克，葱10克

调料： 盐2克，胡椒粉、鸡精各少许，白糖3克，生抽6毫升，芝麻油、食用油各适量

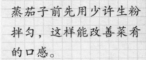

烹饪小提示

蒸茄子前先用少许生粉拌匀，这样能改善菜肴的口感。

做法

1 将洗净去皮的茄子切开，再切小块，洗好的葱切成末。

2 取一碗，加入清水、生抽、白糖、鸡精、胡椒粉、芝麻油，制成调味汁，待用。

3 取一个蒸盘，放入茄子块，码好，再均匀地撒上少许盐、鸡精，静置一会儿。

4 蒸锅上火烧开，放入蒸盘，加盖，用中火蒸约10分钟，至茄子块熟软，取出待用。

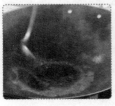

5 锅中注油烧热，倒入调味汁，大火煮约1分钟，待汤汁沸腾，即成味汁，备用。

6 取来蒸盘，撒上葱末，浇上少许热油，再盛入锅中的味汁，摆好盘即成。

扫一扫看视频

梅菜烧茄子

🕐 /分30秒　　💪 美容养颜

原料： 水发梅菜干120克，茄子150克，红椒15克

调料： 白糖2克，鸡粉2克，生抽3毫升，水淀粉、食用油各适量

做法

1. 梅菜干洗净切段；红椒洗好切开，去籽切段，再切粗丝；茄子洗净切开，切条形。

2. 热锅注油，烧至五六成热，倒入茄子条，拌匀，用中火炸1分30秒至变软，捞出沥干。

3. 用油起锅，倒入梅菜干，炒匀，倒入红椒丝，炒匀，再倒入炸好的茄子条，炒匀，加白糖、鸡粉、生抽。

4. 淋入水淀粉，炒匀，关火后盛出即可。

扫一扫看视频

蒜蓉豉油蒸丝瓜

🕐 8分钟　　💪 养颜美容

原料： 丝瓜200克，红椒丁5克，蒜末少许

调料： 蒸鱼豉油5毫升，食用油适量

做法

1. 将洗净去皮的丝瓜切段。

2. 放在蒸盘中，摆放整齐，淋入食用油，浇上蒸鱼豉油，撒入蒜末，点缀上红椒丁。

3. 备好电蒸锅，烧开后放入蒸盘，盖上盖，蒸约5分钟，至食材熟透。

4. 断电后揭盖，取出蒸盘，冷却后即可食用。

扫一扫看视频

蚝油丝瓜

⏱ 2分钟　　☁ 降低血糖

原料： 丝瓜200克，彩椒50克，姜片、蒜末、葱段各少许
调料： 盐2克，鸡粉2克，蚝油6克，水淀粉、食用油各适量

做法

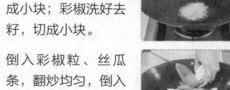

1 丝瓜洗净去皮，对半切开，切成条，改切成小块；彩椒洗好去籽，切成小块。

2 热锅注油，放入姜片、蒜末、葱段，爆香。

3 倒入彩椒粒、丝瓜条，翻炒均匀，倒入清水，翻炒至食材熟软。

4 加入盐、鸡粉，拌炒匀，放入蚝油，炒匀调味，大火收汁。

烹饪小提示

丝瓜清甜脆嫩，炒制时蚝油不要加太多，以免影响成品口感。

5 倒入适量水淀粉，快速翻炒均匀，盛出装盘即可。

素炒什锦

🕐 1分30秒　🍽 降低血脂

扫一扫看视频

原料： 西蓝花100克，竹笋80克，苦瓜80克，水发木耳60克，莴笋100克，芹菜50克，胡萝卜80克，姜片、蒜末、葱白各少许

调料： 盐5克，鸡粉2克，料酒4毫升，水淀粉、食用油各适量

做法

1 木耳洗净切块；西蓝花洗净切块；竹笋洗净切片；苦瓜洗净去籽，切片。

2 莴笋去皮洗净，斜刀切段，切片；胡萝卜去皮洗净，切片；芹菜洗净切段。

3 将切好的木耳、竹笋、苦瓜、胡萝卜、莴笋、西蓝花，焯煮后捞出。

4 用油起锅，放入姜片、蒜末、葱白、芹菜段、焯过水的其他食材、鸡粉、盐、料酒、水淀粉，炒匀盛出即可。

扫一扫看视频

⏱ 1分30秒

🫘 美容养颜

青豆烩丝瓜

原料： 丝瓜300克，青豆150克，红椒15克，葱10克，生姜10克

调料： 盐2克，味精、鸡汁、食用油各适量

烹饪小提示

切好的丝瓜最好浸在清水中，以免氧化变黑。

做法

1 丝瓜洗净去皮，去瓤切块；红椒洗净切块；生姜洗净切片；葱洗净切段。

2 锅中注水烧开，放入盐、食用油、洗净的青豆，搅拌匀，焯煮约1分钟，捞出。

3 另起锅，注油，烧至三成热，倒入丝瓜块、红椒块，滑油约半分钟后捞出。

4 用油起锅，放入葱段、姜片爆香，注入清水，加入鸡汁、盐、味精，搅拌匀。

5 放入滑过油的丝瓜块、红椒块，炒匀，再用中火略煮片刻。

6 待汤汁沸腾，倒入焯过水的青豆，拌煮食材熟透，关火后盛出即可。

丝瓜烧板栗

⏱ 9分钟　　🌰 降低血压

扫一扫看视频

原料： 板栗140克，丝瓜130克，彩椒40克，姜片、蒜末各少许
调料： 盐4克，鸡粉2克，蚝油5克，水淀粉、食用油各适量

做法

1 洗净的板栗对半切开；洗净的丝瓜切成小块；洗净的彩椒切成小块。

2 锅中注入清水烧开，加入2克盐，放入切好的板栗，煮至断生后捞出。

3 用油起锅，爆香姜片、蒜末，倒入板栗、清水、盐、鸡粉、蚝油，焖熟。

4 倒入丝瓜块、彩椒块，翻煮熟，倒入水淀粉勾芡，炒匀收汁，盛出即可。

扫一扫看视频

八宝素菜

⏱ 3分钟　　🫘 瘦身排毒

原料： 熟莲子120克，大白菜150克，冬笋、熟板栗各70克，鲜香菇、草菇各50克，泡发腐竹30克，发菜100克，葱条15克，姜片、蒜各适量

调料： 南乳30克，盐3克，白糖、鸡粉、料酒、味精、水淀粉、食用油各适量

做法

1 大白菜切片；香菇切块；草菇去蒂切开；腐竹切段；冬笋切片；熟莲子去莲芯。

2 白菜叶、腐竹加鸡粉、盐、食用油焯熟捞出；冬笋片、香菇、草菇加料酒焯熟捞出。

3 白菜梗略炸捞出，板栗、莲子炸熟捞出；加水、味精、鸡粉、发菜煨煮盛出。

4 起油锅，下蒜末、姜片、处理过的食材、葱条、南乳、白糖、水淀粉，盛出装盘，用发菜围边即可。

开水枸杞大白菜

🕐 17分钟　🍲 清热解毒

原料： 大白菜200克，姜片4片，枸杞、葱花各3克

调料： 盐2克，料酒3毫升

做法

1 大白菜洗净切去根部，切段。

2 取电饭锅，倒入大白菜段，注入适量开水，加入姜片、盐、料酒，搅拌均匀。

3 盖上盖，按"功能"键，选择"蒸煮"功能，时间为15分钟，开始蒸煮。

4 按"取消"键断电，开盖，放入枸杞、葱花，拌匀，盛出即可。

扫一扫看视频

椒丝腐乳空心菜

🕐 1分30秒　🍲 开胃消食

原料： 空心菜500克，红椒15克，腐乳20克，蒜末少许

调料： 盐2克，鸡粉2克，白糖、食用油各适量

做法

1 红椒洗净切段，切开去籽，再改切成丝；用勺子将腐乳搅拌均匀。

2 锅中注清水，大火烧开，加食用油，放入洗净的空心菜，煮1分钟至断生，捞出备用。

3 热锅注油，烧热，倒入拌好的蒜末、红椒丝、腐乳，炒香，倒入空心菜，炒匀。

4 加入盐、鸡粉、白糖，拌炒匀至入味，起锅，将炒好的空心菜盛出装盘即可。

扫一扫看视频

蒜蓉生菜

⏱ 2分钟 🍽 开胃消食

原料： 生菜350克，红椒丝、蒜蓉各少许
调料： 盐2克，鸡粉、料酒、食用油各少许

做法

1 生菜洗净，对半切开，再改切成小瓣。

2 锅中注入适量食用油，烧热，倒入蒜蓉，爆香，倒入生菜，拌炒片刻。

3 淋入少许料酒，拌炒均匀，加入盐、鸡粉，拌炒入味。

4 倒入红椒丝，拌炒至熟，盛出即可。

蚝油生菜

⏱ 2分钟　　🫑 清热解毒

扫一扫看视频

原料： 生菜200克

调料： 盐2克，味精1克，蚝油4克，水淀粉、白糖、食用油各少许

做法

1 生菜洗净，切成瓣。

2 用油起锅，倒入生菜，翻炒约1分钟至熟软，加入蚝油。

3 加味精、盐、白糖炒匀调味，再加入水淀粉勾芡，翻炒至熟。

4 将炒好的生菜盛入盘内，淋上汤汁即成。

茄汁蒸娃娃菜

🕐 8分钟　🍽 清热解毒

原料： 娃娃菜300克，红椒丁、青椒丁各5克

调料： 盐、鸡粉各2克，番茄酱5克，水淀粉10毫升

做法

1 娃娃菜洗净切开，切瓣，装盘，摆好。

2 备好电蒸锅，烧开后放入蒸盘，盖盖，蒸约5分钟，至食材熟软，断电后取出待用。

3 炒锅置火上烧热，倒入青、红椒丁，炒匀，放入番茄酱，炒香，加入鸡粉、盐，再用水淀粉勾芡，调成味汁。

4 关火后盛出，浇在蒸盘中，摆好盘即可。

扫一扫看视频

茄汁香芋

🕐 2分钟　🍽 增强免疫

原料： 香芋400克，蒜末、葱花各少许

调料： 白糖5克，番茄酱15克，水淀粉、食用油各适量

做法

1 将洗净去皮的香芋先切再切条，再切丁。

2 锅中注入适量食用油，烧至六成热，放入香芋，炸约1分钟至其八成熟，将其捞出。

3 锅底留油，放入蒜末爆香，加水、香芋丁、白糖、番茄酱，炒匀调味，倒入适量水淀粉，快速拌炒均匀。

4 将锅中材料盛出，装盘，再撒上葱花即成。

扫一扫看视频

茄汁西蓝花

⏱ 7分钟　🧠 益智健脑

扫一扫看视频

原料： 西蓝花360克，蒜末少许
调料： 大豆油适量，盐3克，番茄酱20克，水淀粉10毫升

做法

1 将洗净的西蓝花切成小朵。

2 锅中注水烧开，放盐、大豆油、西蓝花，煮约2分钟，捞出沥干。

3 热锅中倒入大豆油、蒜末、番茄酱、清水，煮沸，放盐、水淀粉，制成味汁。

4 将味汁盛出，浇在盘中西蓝花上即可。

扫一扫看视频

西蓝花炒双耳

⏱ /分30秒　　🫘 降低血压

原料： 胡萝卜片20克，西蓝花100克，水发银耳100克，水发木耳35克，姜片、蒜末、葱段各少许

调料： 盐3克，鸡粉4克，料酒10毫升，蚝油10克，水淀粉4毫升，食用油适量

做法

1 西蓝花洗净切块；银耳洗净，切去黄根，再切小块；泡发好的木耳切成小块。

2 锅中注水烧开，加盐、鸡粉、食用油、木耳块煮沸，放入银耳块、西蓝花，焯煮后捞出。

3 起油锅，放入姜片、蒜末、葱段、爆香，倒入食材、料酒，炒匀炒香。

4 加入适量蚝油、盐、鸡粉，炒匀调味，倒入水淀粉，快速翻炒均匀，盛出即可。

扫一扫看视频

3分钟
开胃消食

蚝油西蓝花苹果树

原料： 水发紫菜100克，西蓝花60克，红樱桃30克，黄瓜皮少许

调料： 蚝油8毫升，芝麻油3毫升，食用油适量

烹饪小提示

西蓝花焯水时，加入适量食用油可使其保持翠绿的颜色。

做法

1 锅中注水烧热，倒入食用油、西蓝花，焯煮约1分钟后放入黄瓜皮，捞出沥干。

2 锅中注水烧开，倒入紫菜煮约1分钟后捞出沥干。

3 将西蓝花、黄瓜皮装入碗中，加入少许蚝油，拌匀。

4 另取一碗，放入紫菜，加入蚝油、芝麻油，拌匀。

5 黄瓜皮修齐切锯齿状，修剪成树干与树枝的形状，西蓝花切片，修成树叶形。

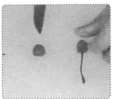
6 红樱桃对半切开成苹果形，取盘，摆上切好的食材，点缀上紫菜，呈树状即可。

扫一扫看视频

油焖茭白茶树菇

⏱ 3分30秒　🍲 降低血压

原料： 茭白100克，茶树菇100克，芹菜80克，蒜末、姜片、葱段各少许

调料： 盐3克，鸡粉3克，料酒10毫升，蚝油8克，水淀粉5毫升，食用油适量

做法

1 芹菜洗净切段；茭白洗净去皮，切滚刀块；洗好的茶树菇切成段。

3 用油起锅，放入姜片、蒜末爆香，倒入茭白片、茶树菇段、料酒，炒匀提味。

烹饪小提示

茶树菇本身味道很鲜，可以少放些鸡粉。

2 锅中注水烧开，放入盐、鸡粉、茭白片，煮半分钟，加入茶树菇段翻炒片刻后捞出。

4 加入蚝油、盐、鸡粉，炒匀调味，注入适量清水，煮1分钟，放入芹菜段炒匀。

5 淋入水淀粉勾芡，放入葱段，翻炒均匀，关火后盛出即可。

糟香茭白

 ⏱ 12分钟　☁ 清热解毒

扫一扫看视频

原料： 茭白200克，醪糟500克，红曲米20克

做法

1 锅中注入适量清水，放入红曲米，倒入醪糟拌匀。

2 盖上盖，煮至沸腾，揭盖，放入茭白。

3 盖上盖，小火煮10分钟，揭盖，将茭白捞出沥干，放凉。

4 把茭白切成片，将切好的茭白片装盘，浇上少许醪糟汁即可。

茶树菇炒豆角

⏱ 2分钟　🤚 增强免疫

原料： 豆角180克，茶树菇100克，红椒15克，大蒜少许

调料： 盐、生抽、鸡粉、水淀粉、食用油各适量

做法

1 茶树菇洗净切段；豆角洗净切段；大蒜切末；红椒洗净切丝。

2 热锅注油，烧至六成热时，倒入茶树菇段，再倒入豆角段，滑油1分钟至熟捞出备用。

3 锅留底油，放入蒜末煸香，倒入茶树菇段、豆角段炒匀，加入生抽、盐、鸡粉，炒匀调味。

4 加入少许水淀粉勾芡，倒入红椒丝，炒匀，盛入盘中即成。

扫一扫看视频

莴笋炒平菇

⏱ 5分钟　🤚 增强免疫

原料： 窝笋150克，平菇100克，红椒20克，姜片、蒜末、葱段各少许

调料： 盐7克，鸡粉2克，蚝油5克，生抽3毫升，水淀粉4毫升，食用油适量

做法

1 平菇洗净切块；莴笋去皮洗净，对半切开，改切成片，红椒洗净对半切开，去籽切片。

2 锅中注水烧开，加入5克盐、食用油，倒入莴笋片、红椒片、平菇块，焯煮约半分钟，捞出。

3 炒锅注入适量食用油，倒入葱段、姜片、蒜末爆香，倒入焯过水的材料，翻炒片刻。

4 放入蚝油、盐、鸡粉、生抽，炒匀调味，加入少许水淀粉，将锅中食材炒匀勾芡，盛入盘中即可。

扫一扫看视频

蚝油香菇炒洋葱

⏱ 2分30秒　　降低血脂

扫一扫看视频

原料： 水发香菇100克，洋葱100克，青椒、红椒各15克，姜片、蒜末、葱段各少许

调料： 盐3克，鸡粉1克，料酒、生抽各4毫升，蚝油、水淀粉各5毫升，食用油适量

做法

1 洋葱去皮洗净，切瓣切块；红椒、青椒去籽切块；香菇水发去掉根茎。

2 锅中加水烧开，放盐，倒入香菇，搅拌匀，煮约半分钟，捞出备用。

3 起油锅，下姜片、蒜末、葱段、香菇、料酒、洋葱、红椒、青椒块，盐、鸡粉。

4 转中火，倒入水、蚝油、生抽，炒匀煮沸，收汁，加入水淀粉，炒匀盛出即可。

扫一扫看视频

蚝油鸡腿菇

⏱ 3分钟　　🫀 降低血脂

原料： 鸡腿菇400克，葱结、姜片各少许
调料： 盐、味精、鸡粉、料酒、生抽、白糖、水淀粉、芝麻油、蚝油、食用油各适量

做法

1 把洗净的鸡腿菇切成厚度均等的薄片，沥干放盘中备用。

2 锅中注入食用油，烧至三成热，倒入鸡腿菇片，炸约1分钟至断生捞出。

3 锅底留油，放入葱结、姜片、料酒、鸡腿菇片，转小火，淋入蚝油、生抽。

4 加盐、味精、鸡粉、白糖、水，大火收汁，倒入水淀粉、芝麻油炒匀即可。

扫一扫看视频

扫一扫看视频

芦笋扒冬瓜

⏱ 11分30秒　💪 增强免疫

原料： 冬瓜肉140克，芦笋100克，高汤180毫升

调料： 盐2克，鸡粉2克，食用油适量

做法

1 冬瓜肉洗好去皮，切片，改切成条形，芦笋洗净，切成长段。

2 用油起锅，倒入芦笋段，炒匀，放入冬瓜条，炒匀，倒入高汤，拌匀，加入盐、鸡粉，炒匀调味。

3 盖上盖，烧开后用小火焖约10分钟，揭盖，将芦笋段拣出，摆入盘中。

4 在锅里淋入少许水淀粉，炒匀，关火后盛出冬瓜条，摆好盘即可。

油焖春笋

⏱ 5分钟　💪 开胃消食

原料： 春笋350克，青蒜苗段120克，红椒片少许

调料： 盐3克，味精、白糖、蚝油、水淀粉各适量

做法

1 将已去皮洗净的春笋切块。

2 锅中注入清水，烧开后加入盐、味精，倒入春笋，煮沸后捞出。

3 锅留底油，倒入青蒜苗段、红椒片略炒，再倒入春笋块炒匀，加入盐、味精、白糖、蚝油炒匀，焖煮片刻。

4 倒入少许水淀粉勾芡，淋入熟油炒匀，盛出即可。

油焖笋尖

⏱ 12分钟　🥦 增强免疫

扫一扫看视频

原料： 竹笋160克，彩椒、葱花各适量
调料： 盐2克，白糖少许，料酒3毫升，生抽4毫升，水淀粉、食用油各适量

做法

1 竹笋去皮洗净，切开，改切小块；彩椒洗净切丝。

2 锅中注水烧开，倒入竹笋块、料酒、彩椒丝、食用油，用中火煮至断生，捞出。

3 用油起锅，倒入食材、水、盐、白糖、生抽，加盖烧开，用小火焖煮10分钟。

4 揭盖，用大火收汁，倒入水淀粉勾芡，关火后盛出菜肴，撒上葱花即可。

扫一扫看视频

胡萝卜炒玉米笋

🕐 2分钟　🍳 补钙

原料： 玉米笋160克，白菜梗40克，胡萝卜50克，彩椒20克，蒜末少许

调料： 盐、鸡粉各2克，白糖、水淀粉、食用油各适量

做法

1. 洗净食材，玉米笋对半切开；白菜梗切粗丝；去皮的胡萝卜切条形；彩椒切粗丝。
2. 锅中注水烧开，放入胡萝卜条、玉米笋，倒入白菜丝、彩椒丝、油，断生后捞出。
3. 起油锅，下蒜末爆香，倒入焯过水的食材，大火炒匀，转小火，放盐、白糖、鸡粉。
4. 倒入水淀粉，用中火炒匀至食材入味，关火后盛出即成。

扫一扫看视频

胡萝卜丝炒豆芽

🕐 1分钟　🍳 降压降糖

原料： 胡萝卜80克，黄豆芽70克，蒜末少许

调料： 盐2克，鸡粉2克，水淀粉、食用油各适量

做法

1. 将洗净去皮的胡萝卜切片，改切成丝。
2. 锅中注入清水，大火烧开，加入食用油，倒入胡萝卜丝，煮半分钟，倒入黄豆芽，再煮半分钟，捞出待用。
3. 锅中注油烧热，倒入蒜末爆香，倒入胡萝卜丝和黄豆芽，拌炒片刻，加入鸡粉、盐，翻炒至食材入味。
4. 倒入适量水淀粉，快速拌炒均匀，关火，把炒好的菜肴盛入盘中即成。

扫一扫看视频

鼎湖上素

🕐 3分钟　　🐷 养颜美容

原料： 草菇、口蘑各25克，泡发的银耳150克，泡发莲子120克，泡发香菇80克，冬笋40克，泡发黑木耳80克，泡发竹荪60克，葱段、姜片各20克，胡萝卜、上海青各适量

调料： 盐3克，味精少许，老抽3毫升，水淀粉10毫升，白糖、鸡粉、料酒、食粉、食用油各适量

做法

1 食材均洗净泡发，用刀切好。

2 银耳、木耳、莲子、香菇、笋、胡萝卜、草菇、口蘑、竹荪，加食粉，焯熟捞出。

3 用油起锅，清水、银耳、味精、盐制成味汁备用；锅底留油，入清水、上海青、盐、味精，焯熟捞出。

4 起油锅，加入姜、葱、煮过的食材、调味料、上海青、水淀粉，炒熟，浇上味汁即可。

木耳扒上海青

🕐 5分钟　　🍞 降低血脂

扫一扫看视频

原料： 上海青150克，水发木耳100克，葱段、姜片、胡萝卜片各少许
调料： 盐3克，鸡精、味精各2克，料酒、蚝油、水淀粉、食粉、食用油各适量

做法

1 木耳洗净切朵；上海青洗好对半切开，去叶留梗。

2 锅中注入清水，加少许食粉烧开，倒入木耳，焯约1分钟至熟后捞出。

3 另起油锅，倒入上海青翻炒约1分钟，加料酒、盐、味精炒匀调味，捞出。

4 起油锅，下葱段、姜片、胡萝卜片、木耳、盐、鸡精、味精、料酒、蚝油、水淀粉、葱段炒匀即可。

扫一扫看视频

杏仁拌茼蒿

⏱ 2分钟　🍃 降低血压

原料： 茼蒿200克，芹菜70克，香菜20克，杏仁30克，蒜末少许

调料： 盐3克，陈醋8毫升，白糖5克，芝麻油2毫升，食用油适量

做法

1 洗净的茼蒿切段；洗好的芹菜切段；洗净的香菜切去根部，再切成段。

3 将芹菜段倒入沸水锅中，加入茼蒿段，搅拌匀，煮半分钟，捞出备用。

烹饪小提示

杏仁下锅煮的时间不宜过久，否则会影响其脆嫩的口感。

2 锅中注水烧开，加盐、食用油，倒入杏仁，煮半分钟至其断生，捞出待用。

4 芹菜和茼蒿段装碗，加入香菜段、蒜末、盐、陈醋、白糖、芝麻油，拌匀调味。

5 盛出拌好的食材，装入盘中，放上备好的杏仁即可。

清炒红薯叶

⏱ 2分钟　☁ 清热解毒

扫一扫看视频

原料： 红薯叶350克
调料： 盐、味精、食用油各适量

做法

1 从洗净的红薯藤上摘下红薯叶，再把沥干水分的红薯叶放入盘中备用。

2 炒锅注入适量食用油烧热，放入红薯叶，炒匀。

3 加盐、味精调味，翻炒至入味。

4 再淋上少许熟油炒匀，盛出即可。

扫一扫看视频

荷塘小炒

⏱ 3分钟　　益气补血

原料： 莲藕80克，芹菜50克，胡萝卜100克，水发木耳50克，水发莲子60克，姜片、蒜末、葱白各少许

调料： 盐3克，味精3克，白糖3克，蚝油3克，料酒3克，老抽2克，水淀粉适量

做法

1 莲藕去皮洗净，切片；芹菜洗净切段；胡萝卜去皮切片；木耳洗净切块。

2 锅中加水烧开，加盐、胡萝卜片、莲藕片，再加入木耳块拌匀，煮1分钟捞出。

3 用油起锅，入姜片、蒜末、葱白、胡萝卜片、莲藕片、木耳、料酒、盐、味精、白糖、蚝油炒匀调味。

4 倒入莲子、芹菜段炒匀，加入少许老抽、水淀粉、热油炒匀，盛出即可。

PART 03 浓香畜肉，家常美味

　　中国人爱吃肉，有"无肉不成宴"之说。在各大菜系中，畜肉菜必不可少，粤菜中的畜肉菜更是丰富多样。我们在粤菜美食之旅的第三站安排了粤菜中各种正宗家常的畜肉菜，易学易做，浓香美味，希望热爱美食的你能尝试动手做几道菜哦！

扫一扫看视频

客家酿豆腐

⏱ 5分钟　🐷 清热解毒

原料： 豆腐500克，五花肉100克，水发香菇20克，葱白、葱花各少许

调料： 盐6克，水淀粉10毫升，鸡粉3克，蚝油3克，生抽3毫升，生粉、胡椒粉、食用油、芝麻油各适量

做法

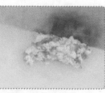

1 豆腐洗净，切长方形块；香菇、葱白、五花肉洗净剁末。

2 用勺在豆腐上挖出小孔，撒盐。

3 肉末加盐、生抽、鸡粉、葱末、香菇末、生粉、芝麻油拌匀，成肉馅，填入豆腐中。

4 起油锅，放入豆腐块煎至金黄色，加水、鸡粉、盐、生抽、蚝油、胡椒粉盛出。

烹饪小提示

豆腐块翻面时，用力适度以免弄碎；煎豆腐时，火候不可太大，以免煎焦。

5 原汁倒入水淀粉、熟油拌匀，淋在豆腐块上，撒上葱花即可。

扫一扫看视频

雪里蕻肉末

🕐 4分钟　　😊 瘦身排毒

原料： 雪里蕻350克，肉末60克，蒜末、红椒圈各少许

调料： 食用油30毫升，盐3克，料酒、鸡粉、味精、老抽、水淀粉各适量

做法

1 雪里蕻洗净切小段。

2 雪里蕻加食用油焯煮1分钟捞出；雪里蕻放入清水中浸泡片刻，滤出备用。

3 锅置大火上，注食用油烧热，倒入肉末、料酒、老抽、蒜末、红椒圈、雪里蕻段翻炒匀。

4 加入盐、鸡粉、味精炒匀，加入水淀粉勾芡，加入少许熟油炒匀即可。

扫一扫看视频

洋葱肉末粉丝煲

🕐 3分30秒　　😊 降低血压

原料： 水发粉丝100克，肉末80克，洋葱、彩椒各45克，高汤150毫升，姜片、蒜末、葱花各少许

调料： 盐、鸡粉各少许，老抽2毫升，料酒4毫升，生抽5毫升，食用油适量

做法

1 粉丝洗净切段；洋葱洗净切丁，彩椒洗净切粗丝后，再切成颗粒状小块。

2 起油锅，放肉末、蒜末、姜片、生抽、老抽、洋葱丁、彩椒块、料酒、盐、鸡粉炒匀。

3 倒入高汤，大火煮沸，放入粉丝，翻炒片刻，再煮约1分钟，关火。

4 取来砂煲，盛入食材，煲置旺火上，加盖煮至熟，关火后撒上葱花即成。

扫一扫看视频

青蒜炒猪颈肉

⏱ 3分钟　　🍲 增强免疫力

原料： 熟猪颈肉300克，蒜苗30克，洋葱30克，姜片、蒜末、红椒各少许
调料： 盐、味精、白糖、老抽、蚝油、水淀粉各适量

做法

1 红椒切成片；洋葱切成片；蒜苗按叶梗分开切段；熟猪颈肉切成片。

2 用油起锅，放入猪颈肉片炒至出油，加老抽拌匀上色，倒入姜片、蒜末炒香。

3 再放入蒜苗梗、洋葱、红椒片，翻炒均匀，加入蚝油炒匀，放入豆瓣酱翻炒匀。

4 加盐、味精、白糖调味，倒入蒜叶炒匀，加入少许水淀粉，快速炒匀，盛出即可。

扫一扫看视频

蒜香肉末蒸茄子

⏱ 5分钟　🍖 清热解毒

原料： 肉末70克，茄子300克，蒜末10克，姜末8克，葱花3克

调料： 盐2克，水淀粉15毫升，生抽8毫升，鸡粉2克，食用油适量

做法

1　茄子洗净切段，在茄子一面划上井字花刀。

2　热锅注油烧热，放入茄子，略煎至两面微黄，关火，盛出待用。

3　锅底留油烧热，入蒜末、姜末爆香，倒入肉末、盐、生抽、鸡粉、清水，炒匀至煮沸。

4　倒入水淀粉，大火翻炒收汁，将肉末均匀地浇在茄子上，电蒸锅烧开，放入茄子，加盖，定时5分钟，取出，撒上葱花即可。

扫一扫看视频

肉末蒸干豆角

⏱ 11分钟　🍖 增强免疫

原料： 肉末100克，水发干豆角100克，葱花3克，蒜末5克，姜末5克

调料： 盐2克，生粉10克，生抽8毫升，料酒5毫升

做法

1　泡好的干豆角切碎，装碗待用。

2　往肉末中加入料酒、生抽、盐、蒜末、姜末，拌匀，腌渍10分钟至入味，往腌好的肉末中放入生粉，搅拌均匀。

3　将拌好的肉末放入干豆角中，拌匀装盘，稍稍压制成肉饼，取出已烧开水的电蒸锅，放入食材。

4　盖上盖，调好时间旋钮，蒸10分钟至熟，揭开盖，取出肉末蒸干豆角，撒上葱花即可。

扫一扫看视频

扫一扫看视频

花浪香菇

⏱ 12分30秒　　增强免疫力

原料： 豆腐85克，红椒、韭黄各20克，鲜香菇65克，肉末45克，姜末少许

调料： 盐、鸡粉各2克，料酒4毫升，生粉、水淀粉、食用油各适量

做法

1 红椒、韭黄洗净切段；豆腐洗净剁泥；香菇洗净切上十字花刀，备用。

2 锅中水烧开，放入香菇、盐、拌匀，煮约1分30秒，捞出待用。

3 香菇倒放入蒸盘中，倒入生粉、豆腐泥、肉末，蒸锅烧开，放入蒸盘，加盖，用中火蒸约10分钟至熟，取出。

4 用油起锅，撒上姜末、红椒段、水、盐、鸡粉、料酒、韭黄段、水淀粉，调成味汁，浇在蒸盘中即可。

黄瓜酿肉

⏱ 7分钟　　增强记忆力

原料： 猪肉末150克，黄瓜200克，葱花少许

调料： 鸡粉2克，盐少许，生抽3毫升，生粉3克，水淀粉、食用油各适量

做法

1 黄瓜洗净去皮，切段，将切好的黄瓜段做成黄瓜盅，装入盘中，待用。

2 肉末加适量鸡粉、盐、生抽，拌匀，放入适量水淀粉，拌匀，腌渍片刻。

3 锅中注水烧开，加入适量食用油，放入黄瓜段，拌匀，煮至断生，捞出。

4 在黄瓜盅内抹上少许生粉，放入猪肉末，蒸锅注水烧开，放入食材，最后给蒸好的食材撒上葱花即可。

梅菜扣肉

⏱ 132分钟　🍽 开胃消食

扫一扫看视频

原料： 五花肉450克，梅干菜250克，南腐乳15克，蒜末、葱末、姜末各10克，八角末、五香粉各少许

调料： 盐3克，白糖、味精、老抽、白酒、糖色、食用油各适量

做法

1 洗净五花肉入沸水锅煮1分钟捞出，在肉皮上扎孔，抹上糖色；净梅干菜切末。

2 五花肉入油锅炸至深红色，切片；起油锅，入蒜末、梅干菜末、盐、白糖盛出。

3 起油锅，下蒜末、葱末、姜末、八角末、五香粉、南腐乳、五花肉片、白糖、味精、老抽、白酒、清水。

4 五花肉片、梅干菜末装碗，淋入汤汁和食用油、南乳汤汁、老抽、蒸2小时再取出勾芡即可。

扫一扫看视频

咸蛋蒸肉饼

🕐 *12分钟*　　🍖 *增强免疫力*

原料： 五花肉400克，咸鸭蛋1个，葱花10克
调料： 盐、鸡粉、味精、生抽、生粉、芝麻油、食用油各适量

做法

1 五花肉洗净剁末，加盐、鸡粉、味精、生抽拍打，放入生粉、芝麻油，拌至起胶。

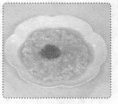

2 把肉末放入盘内，铺成饼状，打开咸鸭蛋，蛋清铺匀，蛋黄压平，压紧实。

3 将盘子放入蒸锅，加盖，用中火蒸至熟。

4 取出蒸好的肉饼，撒上少许葱花，淋上适量熟油，摆盘即成。

扫一扫看视频

秘制叉烧肉

🕐 61分钟　☁️ 增强免疫

原料： 五花肉300克，姜片5克，蒜片5克

调料： 叉烧酱5克，白糖4克，生抽4毫升，食用油适量

做法

1. 洗净的五花肉装碗，倒入叉烧酱，放入白糖、生抽，拌匀，腌渍2小时至入味。

2. 取出电饭锅，打开盖子，通电后倒入腌好的五花肉，放入姜片和蒜片，加入食用油，搅拌均匀。

3. 盖上盖子，按下"功能"键，调至"蒸煮"状态，煮1小时成叉烧肉。

4. 按下"取消"键，打开盖子，断电后将煮好的肉装碗即可。

扫一扫看视频

广东肉

🕐 3分钟　☁️ 增强免疫力

原料： 五花肉500克，大葱15克，姜片少许

调料： 五香粉5克，盐3克，料酒8毫升，生抽5毫升，生粉8克，脆炸粉10克，食用油适量

做法

1. 五花肉洗净切片；大葱洗净切段。

2. 五花肉片中加入料酒、生抽、盐、姜片、葱段、五香粉拌匀，腌渍。

3. 生粉中加入少许脆炸粉，倒入少许清水，拌匀备用。

4. 热锅中注入食用油烧热，猪肉裹上调好的生粉，入锅炸至金黄色，捞出装入盘中即可。

扫一扫看视频

27分钟

益气补血

猪肉炖豆角

原料： 五花肉200克，豆角120克，姜片、蒜末、葱段各少许

调料： 盐2克，鸡粉2克，白糖4克，南腐乳5克，水淀粉、料酒、生抽、食粉、老抽各适量

烹饪小提示

豆角不宜焖煮太久，以免过于熟烂，影响其脆嫩的口感。

做法

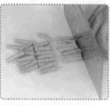

1 洗净的豆角切段；五花肉清洗后切片。

2 锅中注水烧开，加入少许食粉，放入豆角段，搅匀，煮1分30秒，捞出。

3 烧热炒锅，放入五花肉片，炒出油，放入姜片、蒜末，加适量南腐乳，炒匀。

4 放入料酒、白糖、生抽、老抽、清水，搅匀，加少许鸡粉、盐，炒匀。

5 加盖，用小火焖20分钟，放入豆角段，搅匀，再盖上盖，用小火焖4分钟，至熟。

6 用大火收汁，倒入水淀粉勾芡，放入少许葱段，炒出葱香味，将食材盛出即可。

咕噜肉

⏱ 2分钟　　🐷 益气补血

原料： 菠萝肉150克，鸡蛋1个，五花肉200克，青椒、红椒各15克，葱白少许

调料： 盐3克，白糖12克，生粉3克，番茄酱20克，白醋10毫升，食用油适量

扫一扫看视频

做法

1 红椒、青椒洗净切片；菠萝肉切块；净五花肉切块；鸡蛋去蛋清，取蛋黄装碗。

2 锅中注水烧开，倒入五花肉块，转色捞出，加白糖、盐、蛋黄拌匀，裹生粉，装盘。

3 热锅中注油烧热，放入五花肉块，炸2分钟至熟透，捞出。

4 用油起锅，下葱白、青椒片、红椒片、菠萝肉块、白糖、番茄酱、五花肉块、白醋炒匀即可。

青豆焖肉

⏱ 18分钟　🍚 益气补血

原料： 青豆300克，猪肉200克，姜片、蒜末、葱段各少许

调料： 盐3克，鸡粉2克，白糖、水淀粉、老抽、料酒、南腐乳、食用油各适量

做法

1　猪肉洗净，切厚片，再改切成条，装盘。

2　用油起锅，放入猪肉条，炒至转色，加入白糖、老抽、料酒、姜片、蒜末、南腐乳，炒匀炒香。

3　往锅中注水，加盖煮沸，转小火焖煮约10分钟，倒入洗净的青豆、鸡粉、盐，拌匀。

4　盖上盖，焖约5分钟至食材熟透，揭盖，用大火收干汁水，撒入少许葱段，炒匀，淋入水淀粉，拌炒匀，关火，盛出即成。

扫一扫看视频

马蹄炖排骨

⏱ 18分钟　🍚 益气补血

原料： 马蹄肉100克，排骨块180克，姜片、蒜末、葱段各少许

调料： 盐2克，鸡粉2克，料酒3毫升，生抽3毫升，老抽2毫升，蚝油、水淀粉、食用油各适量

做法

1　将马蹄肉切成小块。

2　锅中注水，大火烧开，倒入洗净的排骨块，搅匀，煮1分钟，汆去血水，捞出待用。

3　用油起锅，放入姜片、蒜末爆香，倒入排骨块、料酒、生抽，翻炒香，放入马蹄肉块，倒入清水，加入盐、鸡粉、蚝油，拌匀煮沸。

4　加盖，用小火炖15分钟，倒入少许老抽，炒匀上色，用大火收汁，倒入水淀粉，快速拌炒匀，盛出放上葱段即可。

扫一扫看视频

43分钟

美容养颜

扫一扫看视频

黄豆焖排骨

原料： 排骨250克，水发黄豆400克，姜片、葱白、蒜末各少许

调料： 盐4克，鸡粉2克，白糖3克，豆瓣酱15克，老抽3毫升，生抽5毫升，料酒、水淀粉、食用油各适量

烹饪小提示

将排骨拍打至稍稍裂开，焖煮时，其所含的钙质等营养物质就很容易稀释出来。

做法

1 排骨洗净斩成小块。

2 锅中注水，大火烧开，倒入排骨块，煮沸，捞去浮沫，再煮约2分钟，捞出。

3 用食用油起锅，倒入姜片、葱白、蒜末爆香，倒入排骨块，炒匀。

4 加入料酒、豆瓣酱、老抽、生抽、清水、洗好的黄豆、盐、鸡粉、白糖，拌匀。

5 盖上锅盖，用大火煮沸，转小火焖约40分钟至食材熟软。

6 揭盖，用大火收干汤汁，倒入少许水淀粉，炒匀，关火，盛出即成。

山药焖排骨

⏱ 23分钟　🥘 益气补血

原料： 山药200克，排骨400克，姜片、蒜末、葱段各少许

调料： 盐3克，鸡粉2克，生抽4毫升，豆瓣酱10克，老抽、料酒、水淀粉、食用油各适量

扫一扫看视频

做法

1 将去皮洗净的山药切厚块，改切条，再切成小块，洗好的排骨斩成块。

2 锅中加入清水，大火烧开，倒入排骨块，煮半分钟，去除血水，捞出备用。

3 用油起锅，倒入蒜末、姜片、葱段爆香，倒入排骨块、料酒，炒匀炒香。

4 加入生抽、豆瓣酱、盐、鸡粉、清水、老抽，炒匀上色，放入山药块，拌炒均匀。

烹饪小提示

山药切好后，要放入清水中浸泡片刻，以免氧化变黑。

5 加盖，小火焖煮20分钟，至食材熟透，倒入水淀粉，快速拌炒勾芡，盛出即可。

芋头蒸排骨

⏱ 18分钟　🫁 保肝护肾

扫一扫看视频

原料： 芋头130克，排骨180克，水发香菇15克

调料： 盐3克，味精、葱末、姜末、白糖、味精、料酒、豉油各少许，食用油适量

做法

1 将已去皮洗净的芋头切成菱形块。

2 排骨洗净斩段，加盐、味精、白糖、料酒、姜末、葱末，拌匀，腌渍10分钟。

3 用食用油起锅，放入芋头块，小火炸约2分钟至熟，捞出芋头块，装入盘中。

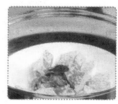

4 将排骨段、芋头块、香菇装盘，放入蒸锅，加盖中火蒸约15分钟，淋上少许豉油即可。

玉米笋焖排骨

⏱ 17分30秒　🥩 增强免疫

扫一扫看视频

原料： 排骨段270克，玉米笋200克，胡萝卜180克，姜片、葱段、蒜末各少许

调料： 盐3克，鸡粉2克，蚝油7克，生抽5毫升，料酒6毫升，水淀粉、食用油各适量

做法

1 玉米笋洗净切段；胡萝卜洗净切块。

2 锅中注水烧开，玉米笋段、胡萝卜块煮1分钟捞出；洗净的排骨煮半分钟，捞出。

3 用食用油起锅，下姜片、蒜末、葱段、排骨段、料酒、盐、鸡粉、蚝油、生抽，炒香。

4 倒入玉米笋段、胡萝卜块、清水，小火焖熟，转大火收汁，用水淀粉勾芡即可。

腐乳烧排骨

⏱ 27分钟　🍲 益气补血

扫一扫看视频

原料： 排骨段320克，腐乳50克，腐乳汁25克，青椒、红椒各10克，姜片、葱段、花椒、八角各少许

调料： 盐、鸡粉各少许，老抽2毫升，料酒4毫升，生抽6毫升，水淀粉、食用油各适量

做法

1 青椒、红椒洗净切片；排骨段入水锅汆煮约1分30秒，汆去血水，捞出待用。

2 用油起锅，倒入姜片、葱段、花椒、八角爆香，放入排骨段，淋入料酒，炒匀。

3 放入腐乳、腐乳汁、老抽，炒匀上色，加入清水、盐、生抽，大火略煮。

4 用中小火焖煮约25分钟，加入鸡粉、青椒片、红椒片、水淀粉，炒匀收汁即成。

扫一扫看视频

黄瓜炒猪耳

⏱ 2分钟　　💪 益气补血

原料： 猪耳300克，香叶3克，红曲米10克，八角7克，姜片20克，花椒3克，黄瓜250克，蒜末、葱白各少许

调料： 盐12克，味精10克，白糖6克，鸡粉2克，蚝油6克，辣椒酱10克，生抽10毫升，料酒10毫升，老抽、食用油各适量

做法

1. 姜片、香料、生抽、老抽、盐、味精、白糖、净猪耳、料酒入水锅。

2. 加盖烧开后用小火卤30分钟，猪耳取出，晾凉切片，黄瓜洗净切块。

3. 锅中注油烧热，放入蒜末、葱白爆香、猪耳片、生抽，炒匀。

4. 放入黄瓜、料酒、盐、鸡粉、蚝油、辣椒酱，炒匀即可。

扫一扫看视频

招财猪手

⏱ 43分钟　　💪 增强免疫

原料： 猪蹄块1000克，上海青100克，八角、桂皮、红曲米、葱条、姜片、香菜各少许

调料： 盐5克，鸡粉3克，白糖20克，老抽5毫升，生抽10毫升，料酒20毫升，水淀粉、食用油各适量

做法

1. 上海青修齐、切开；猪蹄加料酒氽煮约1分钟，捞出。上海青加油、盐焯煮1分钟，捞出。

2. 用油起锅，下姜片、葱条、白糖、猪蹄块、香料、料酒、老抽、生抽、盐、鸡粉、水，搅匀，烧开小火焖煮40分钟，收汁，加水淀粉煮至入味。

3. 将食材盛入盘中，周围摆放盐焯后的上海青即成。

咖喱猪肘

⏱ 3分钟　　🫃 开胃消食

扫一扫看视频

原料： 熟猪肘500克，咖喱膏30克，洋葱片、青椒片、红椒片、姜片、蒜末各少许

调料： 盐2克，味精、白糖、老抽、水淀粉、料酒各少许，食用油适量

做法

1 将熟猪肘切成片，切好的猪肘片装入盘中备用。

2 热锅注油，烧热后倒入姜片、蒜末，洋葱、青椒、红椒片，倒入切好的猪肘片。

3 加入少许料酒，炒香，倒入咖喱膏，翻炒均匀。

4 加入盐、味精、白糖、老抽、少许清水，炒约1分钟。

烹饪小提示

可先将生猪肘放入沸水锅中汆去血水，再放入高压锅内，加姜片，压制30分钟以上。

5 倒入少许水淀粉勾芡，再淋入熟油拌炒均匀，起锅即可。

扫一扫看视频

🕐 35分钟

降低血脂

彩蔬猪皮冻

原料： 水发琼脂450克，豌豆65克，玉米粒65克，猪皮80克，胡萝卜45克

调料： 盐4克，鸡汁10毫升，食用油适量

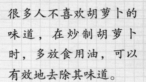

烹饪小提示

很多人不喜欢胡萝卜的味道，在炒制胡萝卜时，多放食用油，可以有效地去除其味道。

做法

1 洗净的胡萝卜切成条，再切成丁。

2 锅中注水煮沸，倒入油、豌豆、玉米粒、胡萝卜，加盐，煮沸后煮2分钟，捞出。

3 将处理好的猪皮放入沸水中，加盖用小火煮30分钟，至猪皮变软，捞出晾凉。

4 把猪皮切丁，取一汤碗，里面铺上一层保鲜膜，放入煮好的食材、猪皮丁。

5 把琼脂倒入锅中，加入鸡汁、盐，煮至溶化，将琼脂倒入将好食材的汤碗中，放入冰箱。

6 取出冻好的猪皮冻，撕掉保鲜膜，切成小块，装入盘中即可。

豆腐焖肥肠

🕐 34分钟　😋 开胃消食

扫一扫看视频

原料： 豆腐200克，熟肥肠180克，红椒片、蒜片、葱段各少许
调料： 盐2克，鸡粉2克，生抽5毫升，料酒4毫升，老抽2毫升，胡椒粉3克，水淀粉10毫升，食用油适量

做法

1 洗好的豆腐切开，再切成小方块，将熟肥肠切成小段，备用。

2 用油起锅，倒入肥肠段、生抽、料酒、老抽、蒜片、葱段，炒匀炒香。

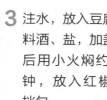

3 注水，放入豆腐块、料酒、盐，加盖烧开后用小火焖约30分钟，放入红椒片，拌匀。

4 转大火收汁，加入少许鸡粉、胡椒粉，炒匀，倒入水淀粉，翻炒均匀，盛出即可。

咸菜肥肠

🕐 3分钟　🍽 开胃消食

原料： 咸菜200克，熟肥肠150克，红椒20克，姜片、蒜末、葱段各少许
调料： 盐2克，白糖、味精、蚝油、料酒、老抽、水淀粉、食用油各适量

扫一扫看视频

做法

1 咸菜、红椒洗净切片；肥肠切块。

2 锅中注水烧开，放入咸菜片，煮沸后捞出，沥干水待用。

3 用食用油起锅，倒入姜片、蒜末、红椒片、葱段爆香，倒入肥肠片、料酒、老抽炒匀。

4 放入咸菜片翻炒1分钟，加入味精、盐、白糖、蚝油、水淀粉、热油拌匀即可。

莴笋烧肥肠

⏱ 5分钟　🫁 防癌抗癌

扫一扫看视频

原料： 猪肠200克，莴笋200克，蒜苗120克，干辣椒8克，姜片、蒜末各少许
调料： 盐2克，鸡粉2克，老抽2毫升，料酒5毫升，水淀粉3毫升，食用油适量

做法

1 锅中注水，大火烧开，放入猪肠、盐、老抽、料酒，加盖煮2分钟，捞出。

2 莴笋去皮洗净，切片；蒜苗洗净切段；猪肠晾凉切段；莴笋片加盐氽煮至八成熟。

3 用食用油起锅，下姜片、蒜末、干辣椒、猪肠段、料酒、豆瓣酱、莴笋片、清水，翻炒。

4 放入盐、鸡粉、老抽，炒匀调味，倒入蒜苗段、水淀粉，快速炒匀，盛出即成。

扫一扫看视频

马蹄炒猪肝

🕐 2分钟　🍲 清热解毒

原料： 马蹄肉200克，猪肝150克，姜片、蒜末、葱段各少许

调料： 盐5克，鸡粉3克，料酒、水淀粉、食用油各适量

做法

1 马蹄去皮洗净，切片；猪肝洗净切片。

2 猪肝片装碗，加少许盐、鸡粉、料酒、水淀粉，抓匀，腌渍10分钟至入味。

3 锅中注水烧开，放入盐，倒入马蹄片，焯约半分钟，捞出。

4 用油起锅，下姜片、蒜末、葱段爆香，倒入猪肝片，炒匀，淋入适量料酒，炒香。

烹饪小提示

马蹄清甜多汁、爽脆可口，焯煮时间不宜过长，以免影响成品口感。

5 倒入马蹄片，加入适量盐、鸡粉，快速翻炒均匀，将锅中食材盛出装盘即可。

扫一扫看视频

香芹炒猪肝

⏱ 2分钟　　益气补血

原料： 猪肝200克，芹菜150克，姜片10克，蒜末少许，红椒丝适量

调料： 盐3克，水淀粉10毫升，味精、白糖、蚝油、姜葱酒汁、食用油各适量

做法

1. 芹菜洗净切段；猪肝切片，加姜葱酒汁、盐、味精、水淀粉拌匀，腌渍片刻。
2. 热锅注油，烧热，倒入猪肝片炒匀，放入姜片、蒜末、红椒丝炒匀。
3. 倒入芹菜段炒匀，加入盐、味精、白糖拌炒匀，加入蚝油炒匀。
4. 再用水淀粉勾芡，淋入少许芝麻油，快速拌炒匀，盛出装盘即可。

扫一扫看视频

猪肺炒山药

⏱ 2分钟　　养心润肺

原料： 猪肺200克，山药100克，洋葱片、青椒片、红椒片、蒜末、姜片各少许

调料： 盐3克，味精、鸡粉、蚝油、白醋、水淀粉、料酒、食用油各适量

做法

1. 将已去皮洗净的山药切片，再把处理干净的猪肺切片。
2. 山药片加白醋焯煮约1分钟至熟，捞出；猪肺片焯煮约5分钟至熟后捞出。
3. 热锅注油，倒入蒜末、姜片、青红椒片、洋葱片、猪肺片、料酒炒匀，倒入山药片。
4. 加蚝油、盐、味精、鸡粉炒约1分钟入味，加入少许水淀粉、熟油，炒匀即可。

扫一扫看视频

荷兰豆炒猪肚

⏱ 1分30秒　🍖 美容养颜

原料： 熟猪肚150克，荷兰豆100克，洋葱40克，彩椒35克，姜片、蒜末、葱段各少许

调料： 盐3克，鸡粉2克，料酒10毫升，水淀粉、生抽、食用油各适量

做法

1 去皮洗净的洋葱切成条；洗净的彩椒去籽，切成块；熟猪肚切成片。

2 锅中注水烧开，加入食用油、盐、荷兰豆、洋葱条、彩椒块，拌匀煮1分钟，捞出。

3 起油锅，用姜片、蒜末、葱段爆香，倒入猪肚片，淋入料酒、生抽，炒匀提味。

4 放入荷兰豆、洋葱条、彩椒块、鸡粉、盐，倒入少许水淀粉，炒匀，盛出即可。

2分钟

保肝护肾

扫一扫看视频

西芹炒猪腰

原料： 猪腰300克，西芹100克，葱段、红椒片、姜片各少许

调料： 盐、味精、白糖、姜葱酒汁、生粉、水淀粉、芝麻油、食用油各适量

烹饪小提示

将猪腰去除筋膜，切成所需的片或花，再用清水漂洗一遍，捞起沥干，可以更好地去腥。

做法

1 西芹洗净，斜刀切段；猪腰洗净切开，去筋膜，切网格花刀，切小块，装碗。

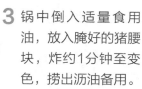

2 碗中加盐、味精、姜葱酒汁、生粉，抓匀，腌渍3~5分钟入味。

3 锅中倒入适量食用油，放入腌好的猪腰块，炸约1分钟至变色，捞出沥油备用。

4 锅底留油，放入葱段、姜片，煸炒香，倒入芹菜段，转大火炒至断生。

5 改小火，加盐、味精、白糖，翻炒至入味，倒入猪腰块，用中火炒至熟透。

6 放入红椒片，用少许水淀粉勾芡，淋入少许芝麻油，拌炒均匀，关火盛出即成。

香菇炖猪蹄

🕐 27分钟　🍖 降低血脂

原料： 猪蹄块280克，上海青100克，鲜香菇60克，姜片、蒜末、葱段各少许

调料： 盐3克，鸡粉2克，白糖3克，豆瓣酱10克，生抽8毫升，料酒20毫升，白醋10毫升，老抽3毫升，水淀粉5毫升，食用油适量

做法

1 洗净的香菇去蒂，切成小块；洗好的上海青对半切开。

2 上海青加油汆煮1分钟捞出；猪蹄块倒入沸水中，加料酒、白醋煮沸，撇沫捞出。

3 用油起锅，放入姜片、蒜末、葱段爆香，倒入猪蹄块、料酒，炒匀提鲜。

4 放入豆瓣酱、生抽、清水、香菇块、盐、鸡粉、白糖、老抽，炒匀上色。

5 加盖，用小火焖25分钟，倒入水淀粉，炒匀；用上海青摆盘，中间倒入食材即可。

烹饪小提示

新鲜的香菇上会有很多杂质，洗好后用开水焯烫一下可以清除得更干净。

黄豆焖猪蹄

⏱ 63分钟　☁ 清热解毒

扫一扫看视频

原料： 猪蹄块400克，水发黄豆230克，八角、桂皮、香叶、姜片各少许
调料： 盐、鸡粉各2克，生抽6毫升，老抽3毫升，料酒、水淀粉、食用油各适量

做法

1 洗净的猪蹄块加料酒氽去血水，捞出。

2 用食用油起锅，放入姜片、猪蹄块、老抽、八角、桂皮、香叶，注水至没过食材，搅拌匀。

3 加盖用中火焖约20分钟，倒入黄豆、盐、鸡粉、生抽，加盖用小火煮约40分钟。

4 拣出桂皮、八角、香叶、姜片，倒入适量水淀粉，用大火收汁拌匀，盛出即可。

醋香猪蹄

⏱ 4分30秒　🍃 美容养颜

原料： 猪蹄400克，姜片20克，水发黄豆150克

调料： 盐10克，鸡粉4克，白糖13克，料酒10毫升，生抽5毫升，陈醋25毫升，白醋10毫升，辣椒油5毫升，芝麻油3毫升

做法

1　洗净猪蹄斩块，锅中注水，加入猪蹄块、姜片、白醋，盖上锅盖，用大火烧开。

2　加入黄豆、料酒、陈醋、白糖、盐、鸡粉，加盖，用小火煮30分钟至入味，捞出晾凉。

3　盛出黄豆，挑去姜片；猪蹄块装碗加辣椒油、陈醋、生抽、白糖、鸡粉、芝麻油拌匀。

4　取一个盘子，把拌好的猪蹄块装入盘中，再把黄豆倒入装有调料的碗中，拌匀，把拌好的黄豆倒入装有猪蹄块的碗中即可。

扫一扫看视频

茭白焖猪蹄

⏱ 86分钟　🍃 美容养颜

原料： 猪蹄块320克，茭白120克，姜片、葱段各少许

调料： 盐、鸡粉各2克，料酒15毫升，老抽4毫升，生抽5毫升，水淀粉、食用油各适量

做法

1　茭白洗净，切滚刀块；猪蹄块加少许料酒，汆去血水，捞出待用。

2　用油起锅，放姜片爆香，倒入猪蹄块、料酒、清水，加盖，烧开后用小火焖约45分钟。

3　淋入老抽、料酒、生抽、盐，拌匀，撇去浮沫，再盖上盖，用小火焖约20分钟。

4　揭开盖，放入茭白块、葱段，拌匀，盖上盖，用小火焖约20分钟，揭开盖，加入鸡粉，搅匀，用水淀粉勾芡，盛出即可。

扫一扫看视频

子姜牛肉

⏱ 2分钟 🍲 保肝护肾

扫一扫看视频

原料： 牛肉300克，子姜300克，红椒20克，蒜末、葱白各少许

调料： 豆瓣酱15克，盐3克，鸡粉2克，味精2克，生抽、食粉、料酒、食用油各适量

做法

1 红椒洗净切开，去籽切块；子姜去皮洗净，切段，切薄片；牛肉洗净切片。

2 牛肉片撒食粉，加入生抽、盐、味精、水淀粉、食用油，腌渍约10分钟。

3 锅中注水烧沸，加入盐、子姜片，略煮片刻，放入红椒块，拌匀，半分钟后捞出。

4 用油起锅，放蒜末、葱白爆香，放入牛肉片、焯好的食材、料酒、豆瓣酱、盐、鸡粉炒匀，盛出即可。

扫一扫看视频

苦瓜炒牛肉

🕐 3分钟　　🐷 瘦身排毒

原料： 苦瓜200克，牛肉300克，豆豉、姜片、蒜末、葱白各少许
调料： 食用油30克，蚝油、白糖、料酒、盐、食粉、生抽、生粉、水淀粉各适量

做法

1 净苦瓜去籽切片；净牛肉切片后加食粉、盐、生抽、生粉、食用油，腌渍10分钟。

2 锅中注水烧开，倒入苦瓜片，煮沸至断生后捞出；另起锅，牛肉片氽至转色捞出。

3 牛肉片入油锅炸至金黄色捞出；锅留底油，倒入豆豉、葱白、姜片、蒜末爆香，倒入牛肉片。

4 倒入苦瓜片、蚝油、盐、白糖、料酒、水淀粉、熟油炒匀，盛出即可。

扫一扫看视频

扫一扫看视频

五香粉蒸牛肉

⏱ 20分钟　🍲 益气补血

原料：牛肉150克，蒸肉米粉30克，蒜末、姜末、葱花各3克

调料：豆瓣酱10克，盐3克，料酒、生抽各8毫升，食用油适量

> 做法

1 将洗净的牛肉切片。

2 把牛肉片放入碗中，放入料酒、生抽、盐、蒜末、姜末，倒入豆瓣酱，拌匀，加入蒸肉米粉，拌匀，注入食用油，拌匀，腌渍一会儿。

3 再转到蒸盘中，摆好造型，备好电蒸锅，烧开水后放入蒸盘。

4 盖上盖，蒸约15分钟，至食材熟透，断电后揭盖，取出蒸盘，趁热撒上葱花即可。

香菜蒸牛肉

⏱ 11分钟　🍲 补铁

原料：牛肉150克，香菜40克，蛋清30克

调料：盐2克，胡椒粉1克，生粉5克，料酒8毫升，生抽8毫升

> 做法

1 洗净的牛肉切片；香菜洗净切段。

2 将切好的牛肉片装碗，放入料酒、生抽、盐、胡椒粉、蛋清，搅拌均匀，倒入生粉，搅拌均匀，腌渍15分钟至入味。

3 腌渍后放入洗净的香菜段，搅拌均匀，将拌好的食材装盘。

4 备好已注水烧开的电蒸锅，放入食材，加盖，调好时间旋钮，蒸10分钟至熟，揭盖，取出即可。

扫一扫看视频

双椒芦笋炒牛肉

🕐 1分30秒　　🍚 降低血压

原料： 牛肉200克，芦笋80克，彩椒85克，姜片、蒜末、葱段各少许

调料： 生抽7毫升，盐3克，鸡粉3克，食粉2克，生粉4克，料酒10毫升，蚝油10克，食用油适量

做法

1 芦笋洗净切成段；彩椒洗好切小块；处理好的牛肉切条，改切成粒。

2 牛肉粒加生抽、盐、鸡粉、食粉、生粉，拌匀，淋入适量食用油，腌渍10分钟。

3 彩椒、芦笋加油、盐氽煮至断生捞出；把牛肉粒倒入沸水锅中，氽至变色捞出。

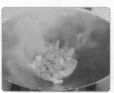

4 用油起锅，爆香姜片、蒜末、葱段，入牛肉粒、料酒、彩椒块和芦笋段，炒匀。

烹饪小提示

牛肉切片后可以用刀背敲几下再切丁，这样成品口感更佳。

5 倒入蚝油、盐、鸡粉、生抽、水淀粉，快速翻炒均匀，关火后盛出即可。

四季豆牛肉片

⏱ 2.5分钟　☁ 增强免疫

扫一扫看视频

原料： 牛肉200克，四季豆150克，红椒片、姜片、蒜末各少许
调料： 料酒4毫升，白糖2克，盐、味精、水淀粉、芝麻油、食用油各适量

做法

1 牛肉切片；四季豆切段；牛肉片加料酒、盐、味精、水淀粉、食用油腌渍。

2 热锅注油，烧至五六成热，倒入牛肉片，滑油至转色，再倒入四季豆段，滑油至断生。

3 锅底留油，倒入姜片、蒜末、红椒片，炒香，倒入牛肉片、四季豆段，大火拌炒匀。

4 转成小火，加入盐、味精、白糖、芝麻油、水淀粉，炒匀收汁，盛出即可。

扫一扫看视频

茄子焖牛腩

⏱ 5分30秒　🫘 降压降糖

原料： 茄子200克，红椒、青椒各35克，熟牛腩150克，姜片、蒜末、葱段各少许

调料： 豆瓣酱7克，盐3克，鸡粉2克，老抽2毫升，料酒4毫升，生抽6毫升，水淀粉、食用油各适量

做法

1 茄子洗净去皮，切丁；青椒、红椒洗净去籽，切丁；熟牛腩切成小块。

2 热锅注油，烧至五成热，放入茄子丁，炸约1分钟，至食材断生后捞出。

3 用油起锅，放入姜片、蒜末、葱段、熟牛腩块、料酒、豆瓣酱、生抽、老抽，拌炒匀。

4 注水，放入茄子丁、红椒丁、青椒丁、盐、鸡粉，用中火煮约3分钟，大火收汁，倒入水淀粉，盛出即成。

山药炖牛腩

⏱ 23分钟 🫘 保肝护肾

原料： 熟牛腩300克，山药150克，红椒15克，葱段、姜片、蒜末各少许

调料： 豆瓣酱15克，盐3克，鸡粉2克，老抽2毫升，料酒7毫升，水淀粉、食用油各适量

做法

1 山药去皮洗净，切块，装入盛有水的碗中；红椒洗净去籽，切小块；熟牛腩切小块。

2 用油起锅，下入葱段、姜片、蒜末、熟牛腩块、豆瓣酱、老抽、料酒，炒香炒透。

3 倒入山药块、清水，大火煮沸，调入盐、鸡粉，拌匀调味，加盖煮沸，炖煮约20分钟。

4 倒入红椒块，炒至断生，转用大火，待汤汁收浓时倒入水淀粉，炒匀，盛出即成。

酱焖牛腩

⏱ 22分钟 🫘 开胃消食

原料： 熟牛腩240克，土豆130克，去皮胡萝卜120克，洋葱90克，茴香10克，八角、桂皮、姜片、蒜头各适量

调料： 盐2克，生抽5毫升，黄豆酱10克，鸡粉2克，水淀粉4毫升，食用油适量

做法

1 胡萝卜去皮，切块；土豆去皮，切块；洋葱切块；蒜头去皮，对半切开；熟牛腩切块。

2 热锅注油烧热，倒入蒜头、姜片、香料、土豆块、胡萝卜块、生抽、黄豆酱，炒匀上色。

3 倒入熟牛腩块、清水、盐，快速炒匀调味，盖上锅盖，煮开后转小火焖20分钟至熟软。

4 掀开锅盖，加入鸡粉、洋葱，快速炒匀，淋入水淀粉，翻炒片刻收汁，盛出即可。

茶树菇炒牛柳

⏱ 1分20秒　🍖 增强免疫

原料： 牛肉150克，茶树菇100克，胡萝卜丝、葱段、姜丝、蒜末各少许

调料： 蚝油3毫升，味精3克，白糖3克，鸡粉2克，料酒、盐、生抽、食粉、水淀粉、食用油各适量

扫一扫看视频

做法

1 茶树菇洗净，切成两段；牛肉洗净切片，用刀背拍松，再切成牛柳条。

2 牛柳条加入食粉、生抽、盐、味精、白糖、水淀粉、食用油，腌渍10分钟。

3 茶树菇段、胡萝卜丝加油、盐焯煮至熟，捞出；牛柳条滑油至熟，捞出。

4 用油起锅，下蒜末、姜丝、茶树菇段、胡萝卜丝、牛柳、料酒、盐、鸡粉、蚝油，炒入味，撒葱段即可。

黑椒牛柳

⏱ 2分钟　☁ 增强免疫

扫一扫看视频

原料： 牛肉450克，洋葱30克，洋葱末、青椒末、红椒末、黑胡椒各少许

调料： 生抽4毫升，老抽4毫升，蚝油4毫升，料酒4毫升，白糖3克，盐、味精、食粉、水淀粉、食用油各适量

做法

1 洋葱洗净切成细丝；牛肉洗净切片，用刀背拍松，再打上花刀，改切成牛柳条。

2 牛柳条撒上食粉，加盐、味精、生抽、清水、水淀粉、食用油，腌渍至入味。

3 热锅注油，烧至五六成热，入洋葱丝，滑油至熟捞出；再倒入牛柳条，片刻捞出。

4 热锅注油，倒入材料、料酒、盐、蚝油、白糖、味精。

烹饪小提示

切洋葱时为了避免刺激眼睛，可以在切洋葱前把刀沾水。

5 滴上少许老抽，炒匀上色，加入少许水淀粉勾芡，翻炒至牛柳条熟透，盛出即成。

葱烧牛蹄筋

⏱ 6分钟　🥗 增强免疫力

原料： 熟牛蹄筋200克，大葱80克，上海青50克，蒜叶30克，姜片、蒜片各少许

调料： 盐、味精、白糖、蚝油、生抽、老抽、料酒、水淀粉各适量

做法

1. 牛蹄筋切块；大葱洗净切段。

2. 上海青加食用油、盐焯熟捞出；再倒入牛蹄筋块氽烫片刻，去除杂质，捞出备用。

3. 起油锅，入姜片、蒜片、大葱段炒香，倒入牛蹄筋块、料酒、蚝油、生抽、老抽炒匀，倒入适量清水煮沸，加盐、味精、白糖。

4. 加盖煮3分钟至牛蹄筋块熟透，撒入蒜叶，加入水淀粉拌匀，淋入熟油拌匀，在锅中继续翻炒片刻，盛入装有上海青的盘中即成。

扫一扫看视频

沙姜猪肚丝

⏱ 2分钟　🥗 益气补血

原料： 熟猪肚250克，红椒15克，香菜10克，沙姜20克

调料： 盐3克，鸡粉、生抽、芝麻油各适量

做法

1. 沙姜洗净去皮，拍碎剁成末；香菜洗净切段；红椒洗净去籽，切丝。

2. 熟猪肚切丝，倒入碗中，加入香菜段、红椒丝，倒入切好的沙姜末。

3. 放入盐、鸡粉，淋入生抽，再淋入芝麻油。

4. 用筷子将碗中的材料搅拌均匀，使其入味，装入盘中即可食用。

扫一扫看视频

PART 04 特色禽蛋，营养鲜香

我国饲养家禽具有悠久的历史，其中食用量较大的有鸡、鸭、鹅、鸽等。禽类的营养成分丰富，尤其是其附加品——蛋类，它们含有人体需要的蛋白质、脂肪、类脂质等物质。这一站，我们一起走进经粤厨之手烹制而成的营养禽蛋菜，赶快来了解一下吧！

扫一扫看视频

香菇滑鸡

⏱ 2分钟　🧠 增强免疫

原料： 鸡肉400克，水发香菇40克，生姜25克，葱15克，大蒜少许

调料： 盐3克，味精少许，白糖4克，鸡精2克，蚝油5毫升，老抽2毫升，生抽7毫升，料酒10毫升，生粉、芝麻油、水淀粉、食用油各适量

做法

1 食材洗净切好；鸡肉加生抽、料酒、盐、味精、白糖、鸡精、生粉腌渍。

2 香菇片加食用油、盐焯水半分钟捞出；鸡块滑油半分钟捞出。

3 锅底留油烧热，下姜片、蒜末、香菇片、鸡块、料酒、水、蚝油、盐、白糖炒匀。

4 转大火收汁，加入老抽、水淀粉、芝麻油、葱段炒匀，至汤汁收浓，盛出即可。

扫一扫看视频

扫一扫看视频

冬瓜蒸鸡

⏱ 17分钟　🍲 增强免疫

原料： 鸡肉块300克，冬瓜200克，姜片、葱花各少许

调料： 盐2克，鸡粉2克，生粉、生抽、料酒各适量

做法

1 将冬瓜洗净去皮切小块；将鸡肉块洗净装入碗中，放少许姜片。

2 鸡肉块中再加入适量盐、鸡粉、生抽、料酒，抓匀，再放入适量生粉，抓匀。

3 将冬瓜装入盘中，再铺上鸡肉块，放入烧开的蒸锅中。

4 盖上盖，用中火蒸15分钟，至食材熟透取出，再撒上少许葱花即成。

蒸乌鸡

⏱ 17分钟　🍲 益气补血

原料： 乌鸡400克（半只），姜丝8克，葱段10克，草果2个

调料： 盐2克，鸡粉2克，料酒5毫升，生抽10毫升

做法

1 洗净的乌鸡斩成块，倒入沸水锅中，汆煮去除血水和脏污，捞出后沥干水分，装盘待用。

2 往乌鸡块中倒入料酒、生抽、姜丝和草果，倒入盐、葱段、鸡粉，搅拌均匀，腌渍至入味。

3 将腌好的乌鸡块装盘，取出已烧开水的电蒸锅，放入乌鸡块。

4 盖上盖，蒸15分钟至熟，揭开盖，取出蒸好的乌鸡即可。

麻油鸡块

⏱ 7分30秒　🍲 益气补血

原料： 鸡腿350克，老姜片50克

调料： 盐3克，鸡粉2克，生粉8克，生抽3毫升，米酒7毫升，水淀粉、黑芝麻油、食用油各适量

做法

1. 净鸡腿切开，斩成小块，加盐、生抽、鸡粉、生粉、食用油，腌渍至入味。

2. 烧热炒锅，倒入少许黑芝麻油烧热，下入姜片，用大火爆香，放入鸡块，翻炒几下。

3. 淋入米酒、生抽，炒匀提鲜，注水煮沸后加盖，转小火焖煮约5分钟。

4. 取下盖子，用大火翻炒至汤汁收浓，倒入少许水淀粉勾芡，关火后盛出即成。

扫一扫看视频

枸杞冬菜蒸白切鸡

⏱ 19分钟　🍲 增强免疫

原料： 白切鸡450克，冬菜25克，枸杞15克，姜蓉、葱花各3克

调料： 盐2克，鸡粉1克，芝麻油、食用油各适量

做法

1. 白切鸡斩成块装碗，放入盐、姜蓉、鸡粉，倒入备好的冬菜，淋上芝麻油，拌匀。

2. 转到另一碗中，摆好造型，再倒扣在蒸盘中，撒上洗净的枸杞，摆好盘，待用。

3. 备好电蒸锅，烧开水后放入蒸盘，加盖，蒸约15分钟，至食材熟透。

4. 断电后揭盖，取出蒸盘，趁热撒上葱花，浇上热油即可。

扫一扫看视频

葫芦瓜炖鸡

⏱ 6分30秒　🍲 降低血压

扫一扫看视频

原料： 鸡腿220克，葫芦瓜200克，彩椒40克，蒜末、姜片、葱段各少许
调料： 料酒20毫升，生抽8毫升，蚝油10毫升，水淀粉2毫升，盐、鸡粉、食用油各适量

做法

1 葫芦瓜洗净去皮切丁；彩椒洗净切丁；鸡腿肉洗好斩块；鸡肉汆去血水，捞出。

2 用油起锅，入姜片、蒜末、葱段，爆香后倒入鸡肉块，炒匀，淋入料酒，炒香。

3 倒入生抽、蚝油、水、盐、鸡粉，加盖焖2分钟，倒入葫芦瓜、彩椒丁，炒匀。

4 加盖，再焖3分钟，揭盖，用大火收汁，倒入适量水淀粉，翻炒匀，盛出即可。

扫一扫看视频

东江盐焗鸡

⏱ 25分钟　　🍚 益气补血

原料： 净整鸡肉1200克，葱段、姜片、八角各少许

调料： 盐焗鸡粉、盐、味精、鸡精、粗盐、芝麻油、食用油各适量

做法

1 在鸡翅下切小口，剁去爪尖；盐焗鸡粉、盐、味精、鸡精拌匀，制成鸡粉。

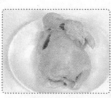

2 整鸡用鸡粉抹匀，腹内放姜片、八角、葱段，塞入鸡爪，用余下的鸡粉抹匀腌渍。

3 砂纸平铺开，把鸡包紧；另取砂纸，用芝麻油抹匀，覆在鸡肉包上，包严。

4 锅注油烧热，倒粗盐炒匀上热；按粗盐、鸡肉包、粗盐顺序入砂锅内，铺平压实。

烹饪小提示

将砂锅置于火上时，忌急火猛烧，以免砂锅炸裂，以中小火最好。

5 砂锅上火，加盖，盐焗20分钟至鸡肉熟透，关火取出，摆盘即成。

三杯鸡

⏱ 20分钟　　🍲 益气补血

扫一扫看视频

原料： 整鸡肉600克，甘草3克，糯米酒150毫升，青椒、红椒、姜片、葱条各少许

调料： 盐5克，鸡粉3克，白糖2克，水淀粉、生抽、老抽、料酒、食用油各适量

做法

1 红椒、青椒切片；整鸡肉去头爪，加姜片、葱条、料酒、生抽、老抽腌渍。

2 热锅中注油，烧至五成热，放入鸡身炸2分钟至金黄色，捞出，沥油待用。

3 锅留油，加姜片、鸡爪、鸡头、白糖、糯米酒、生抽、鸡身、清水、甘草煮沸。

4 加盐、鸡粉、青椒片、红椒片焖熟；取鸡斩块；原汤汁加水淀粉调成浓汁浇鸡块上即可。

扫一扫看视频

腐乳鸡

🕐 17分钟　🍴 美容养颜

原料：鸡肉650克，南腐乳、冰糖各30克，大蒜20克，葱段、生姜各10克，芝麻酱10克

调料：盐3克，味精2克，白糖4克，鸡精、五香粉、胡椒粉各少许，料酒8毫升，生粉、食用油各适量

做法

1 大蒜去皮洗净，切末；鸡肉洗净切块；生姜洗净去皮，切片。

2 鸡块加南腐乳、蒜末、芝麻酱、盐、味精、白糖、鸡精、五香粉、胡椒粉、料酒、食用油、生粉。

3 取蒸碗，在内壁抹油，码好鸡块，均匀地撒上姜片、葱段、冰糖，静置待用。

4 蒸锅上火烧开，放入蒸碗，加盖，用大火蒸熟，取出蒸碗，反扣盘中即成。

扫一扫看视频

奇味鸡煲

⏱ 8分钟　🥩 增强免疫

原料： 鸡肉500克，洋葱50克，土豆70克，青椒、红椒各15克，青蒜苗段20克，蒜末、姜片、葱白各少许

调料： 盐、料酒、生抽、生粉、南腐乳、海鲜酱、辣椒酱、水淀粉、五香粉各适量

做法

1 处理好所有食材；鸡肉加盐、料酒、生抽、生粉腌渍片刻，滑油待用。

2 锅留底油，加入姜片、蒜末、葱白、洋葱片、青椒片、红椒片、土豆片、辣椒酱、南腐乳、海鲜酱，炒香。

3 倒入鸡块、料酒、盐、清水拌匀煮沸。

4 加入五香粉、水淀粉，将锅中食材倒入砂煲，小火煲开，撒入蒜苗段即可。

扫一扫看视频

千层鸡肉

⏱ 33分钟　🥩 增强免疫

原料： 去皮土豆185克，鸡胸肉220克，洋葱95克，奶酪碎65克

调料： 盐、鸡粉各1克，胡椒粉4克，生抽、料酒、水淀粉各5毫升，食用油适量

做法

1 洋葱、土豆洗净切丝；鸡胸肉洗净切片，加盐、鸡粉、胡椒粉、生抽、料酒、水淀粉、食用油腌渍至入味。

2 烤盘刷油，倒入洋葱丝，放上部分土豆丝、鸡肉片、奶酪碎，再加上土豆丝、鸡肉片，铺上剩余奶酪碎。

3 入烤箱，上火温度200℃，选择"双管发热"功能，下火温度200℃，烤30分钟。

4 取出烤盘，将烤好的千层鸡肉切块即可。

扫一扫看视频

豉香鸡肉

🕐 5分钟　　🍲 增强免疫

原料： 净鸡肉500克，豆豉、蒜末各35克，青椒末、红椒末各50克
调料： 盐3克，味精3克，白糖2克，料酒15毫升，老抽、生抽各10毫升，生粉、食用油各适量

做法

1 鸡肉斩小块装碗，加料酒、盐、味精、生抽抓匀，加少许生粉抓匀，腌渍入味。

2 锅中注油烧热，倒入鸡块，用锅铲搅散，炸至熟透，捞起沥油备用。

3 锅底留油，倒入豆豉、蒜末爆香，再倒入青椒末、红椒末、鸡块炒匀。

4 转小火，淋上料酒、老抽，再加入盐、味精、白糖炒至入味，出锅盛入盘中即成。

草菇蒸鸡肉

⏱ *18分钟*　🍄 *增强免疫*

扫一扫看视频

原料： 鸡肉块300克，草菇120克，姜片、葱花各少许
调料： 盐3克，鸡粉3克，生粉8克，生抽4毫升，料酒5毫升，食用油适量

做法

1 草菇洗净切片；草菇片加鸡粉、盐焯水至断生，捞出沥干。

2 草菇片装碗，倒入鸡肉块、鸡粉、盐、料酒、姜片、生粉、食用油、生抽腌渍。

3 取一蒸盘，倒入腌好的鸡肉块，蒸锅上火烧开，放入蒸盘，用中火蒸约15分钟。

4 关火后揭盖，取出蒸熟的鸡肉块，趁热撒上葱花，再浇上少许热油即可。

扫一扫看视频

⏱ 10分钟

💪 增强免疫

什锦鸡肉卷

原料： 鸡腿3个，黄瓜90克，胡萝卜90克，水发香菇70克，姜丝少许

调料： 盐2克，鸡粉2克，生粉2克，料酒4毫升，食用油适量

烹饪小提示

根据个人喜好，在鸡肉中加入其他蔬菜水果。

做法

1 净鸡腿去骨取肉；黄瓜洗净去籽，切条；胡萝卜洗净去皮，切条；香菇洗净切丝。

2 鸡腿肉条加盐、鸡粉、料酒、生粉、食用油，拌匀，腌渍至其入味，备用。

3 锅中注入适量清水，倒入香菇丝、胡萝卜条，拌匀，煮约1分钟捞出，装盘备用。

4 将黄瓜条、香菇丝、胡萝卜条塞入鸡腿肉条中。

5 热锅注油，烧至六成热，放入酿好的鸡腿肉条，用小火煎约5分钟至其成金黄色。

6 关火后盛出煎好的食材，装入盘中即可。

鸡肉蒸豆腐

⏱ 8分钟　☁ 养心润肺

原料：豆腐350克，鸡胸肉40克，鸡蛋50克
调料：盐、芝麻油各少许

扫一扫看视频

做法

1 净鸡胸肉切片剁末；鸡蛋打散制成蛋液；将鸡肉末加蛋液、盐搅拌，制成肉糊。

2 锅中注水烧热，加入少许盐，放入豆腐，煮至去除豆腥味，捞出，沥干水分。

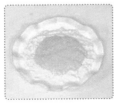

3 豆腐压碎剁末，淋入芝麻油，搅拌匀，装入蒸盘，铺平，倒入肉糊，待用。

4 蒸锅上火烧开，放入蒸盘，加盖，用中火蒸约5分钟，取出放凉即可食用。

扫一扫看视频

茄汁焖鸡翅

⏱ 3分钟　🐷 益气补血

原料： 鸡翅300克，番茄汁20克，姜片、葱条各少许

调料： 盐3克，味精1克，白糖3克，料酒、生抽、食用油各适量

做法

1 鸡翅洗净斩块，装入碗中。

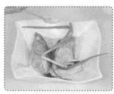

2 加姜片、葱条、料酒、生抽、盐、味精、白糖拌匀，腌渍入味。

3 热锅注油，烧至六成热，放入鸡翅块，炸至熟透捞出。

4 锅底留油，倒入番茄汁拌匀，倒入鸡翅块炒匀。

烹饪小提示

炒制此菜时加少许醋，味道会更鲜香。

5 加少许白糖拌炒至入味、收汁，盛出装盘即可。

番茄鸡翅

⏱ 5分钟　　🍲 益气补血

扫一扫看视频

原料： 鸡翅400克，姜片、葱花各少许
调料： 盐2克，白糖6克，生抽2毫升，料酒3毫升，番茄酱20克，食用油适量

做法

1 鸡翅洗净，两面切一字花刀，撒上姜片，加入少许盐、生抽、料酒，腌渍入味。

2 锅中注油，烧至六成热，放入鸡翅，拌匀，用小火炸约3分钟，捞出。

3 锅留底油，倒入备好的番茄酱、白糖，搅拌匀，放入炸好的鸡翅，炒至入味。

4 关火后夹出鸡翅，摆放在盘中，撒上葱花即可。

扫一扫看视频

苦瓜焖鸡翅

🕐 10分钟　🍲 降压降糖

原料： 苦瓜200克，鸡中翅200克，姜片、蒜末、葱段各少许
调料： 盐3克，鸡粉3克，料酒、生抽、食粉、老抽、水淀粉、食用油各适量

做法

1 苦瓜洗净去籽，切段；鸡中翅洗净斩小块，加生抽、盐、鸡粉、料酒，腌渍。

2 锅中注水烧开，放入适量食粉，倒入苦瓜段，煮至断生，捞出待用。

3 用油起锅，放入姜片、蒜末、葱段、鸡中翅块、料酒、盐、鸡粉、清水，搅匀。

4 加盖小火焖5分钟，放入苦瓜段，加盖焖3分钟，淋入老抽、水淀粉，盛出即可。

菠萝烩鸡翅

⏱ 5分钟　🍲 美容养颜

扫一扫看视频

原料： 鸡中翅400克，菠萝肉200克，红椒20克，姜片、蒜末、葱白各少许
调料： 盐3克，料酒3毫升，鸡粉3克，白糖3克，味精、食用油、芝麻油、番茄酱、生抽各适量

做法

1 处理好所有食材；鸡中翅加少许盐、味精、白糖、生抽、料酒腌渍。

2 热锅注油，烧至五成热，放入鸡中翅，炸至金黄色捞出。

3 用油起锅，入姜片、蒜末、葱白、红椒、菠萝、鸡中翅、料酒、清水、盐、鸡粉、生抽拌匀。

4 加盖，慢火煮约3分钟，揭盖，大火收汁，加番茄酱、芝麻油炒匀，盛出即可。

扫一扫看视频

扫一扫看视频

虾酱蒸鸡翅

🕐 27分钟　🥗 增强免疫

原料： 鸡翅120克，姜末、葱花各少许

调料： 盐、老抽各少许，生抽3毫升，虾酱、生粉各适量

> **做法**

1. 鸡翅洗净打花刀，放入碗中，淋入少许生抽、老抽。

2. 撒上姜末，倒入虾酱，加入盐，再撒上适量生粉，拌匀，腌渍约15分钟至入味。

3. 取一盘子，摆好鸡翅，蒸锅上火烧开，放入装有鸡翅的盘子。

4. 加盖，用中火蒸约10分钟至食材熟透，揭盖取出，撒上葱花即成。

花甲炒鸡心

🕐 3分钟　🥗 保护视力

原料： 花甲350克，鸡心180克，姜片、蒜末、葱段各少许

调料： 盐2克，鸡粉3克，料酒4毫升，生抽2毫升，水淀粉、食用油各适量

> **做法**

1. 鸡心汆水去血水，捞出，沥干待用。

2. 鸡心处理干净切片，加盐、鸡粉、料酒、水淀粉，搅拌，腌渍入味。

3. 炒锅注油烧热，倒入姜片、蒜末、葱段，爆香，倒入鸡心片，快速翻炒匀，淋入料酒，炒匀，放入处理好的花甲，加入生抽。

4. 用大火快速炒匀，加入盐、鸡粉，炒匀调味，倒入适量水淀粉，快速翻炒均匀，至食材入味，盛出即可。

洋葱烩鸡腿

⏱ 3分钟　🍖 开胃消食

扫一扫看视频

原料： 洋葱350克，鸡腿300克，青椒片、红椒片各10克，姜片少许
调料： 盐3克，味精、白糖、料酒、蚝油、水淀粉、食用油各适量

做法

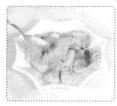

1 洋葱洗净切片；净鸡腿斩块，加料酒、盐、白糖、水淀粉，拌匀；腌渍入味。

2 锅中注油，烧至四成热，放入鸡腿滑油至断生，再放入洋葱片，滑油片刻后捞出。

3 锅底留油，放入姜片、鸡腿、洋葱片、青椒片、红椒片、盐、味精、蚝油，调味。

4 用中火翻炒约1分钟至入味，加水淀粉勾芡，翻炒均匀，关火盛出即可。

扫一扫看视频

盐焗凤爪

⏱ 23分钟　🍲 开胃消食

原料： 盐焗鸡粉30克，鸡爪500克，姜片25克，八角、干沙姜各20克

调料： 黄姜粉10克，盐、鸡粉各少许

做法

1 将鸡爪清洗干净，沥干水分，装入盘中，备用。

2 锅中倒入适量清水，大火烧热，放入鸡爪，加盖大火烧开。

3 放入姜片和洗净的八角、干沙姜，加入盐、鸡粉、盐焗鸡粉、黄姜粉，拌匀。

4 加盖，小火卤至入味，揭盖，捞出鸡爪，摆入盘中即成。

扫一扫看视频

蜜汁叉烧酱鸡腿

⏱ 32分钟　🍖 增强免疫

原料： 鸡腿350克，洋葱粒40克，姜末15克，蒜末15克，叉烧酱10克

调料： 生抽4毫升，白糖3克，盐3克，食用油适量

做法

1 沸水锅中倒入洗净的鸡腿，焯水去除血水和脏污，捞出，沥干水分，装碗。

2 往碗中放入洋葱粒、姜末、蒜末、叉烧酱、白糖、生抽、食用油、盐，腌至入味。

3 往电饭锅倒入鸡腿，加水到鸡腿的一半。

4 加盖，按下"功能"键，调至"蒸煮"状态，煮30分钟至鸡腿熟软入味，按下"取消"键，开盖，断电后装盘即可。

扫一扫看视频

菠菜鸡肉卷

⏱ 4分钟　🍖 降低血压

原料： 鸡腿150克，西红柿90克，生菜70克，胡萝卜60克，紫甘蓝50克，菠菜叶30克，面粉糊、蒜末、葱花各适量

调料： 盐2克，蚝油4克，生抽5毫升，料酒6毫升，沙拉酱、芝麻油、食用油各适量

做法

1 西红柿切块；生菜切末；胡萝卜切丁；紫甘蓝切末；鸡腿取肉切丁。菠菜叶、胡萝卜丁、紫甘蓝末、生菜末焯煮后捞出，待用。

2 蒜末、鸡肉丁、料酒、胡萝卜丁、紫甘蓝末、生菜末、西红柿块、盐、生抽、蚝油加面粉糊拌匀后入油锅。

3 淋入芝麻油，盛出，加入葱花拌成馅料，逐一放入菠菜叶中，包好挤上沙拉酱即可。

蜜香凤爪

⏱ 27分钟 🍖 增强免疫

原料： 鸡爪300克，干辣椒4克，桂皮、八角各5克

调料： 白糖20克，料酒15毫升，盐4克，老抽8毫升，鸡粉8克，生抽5毫升

扫一扫看视频

做法

1. 鸡爪洗净切去爪尖，锅中倒入1000毫升清水大火烧开，倒入鸡爪，加入约5毫升料酒，拌匀。

2. 把余好的鸡爪捞出。

3. 锅中注水，放入干辣椒、桂皮和八角，加白糖、盐、老抽、生抽、鸡粉、料酒、鸡爪。

4. 加盖，小火煮20分钟后揭盖，把卤好的鸡爪捞出装盘，浇上少许卤汁即可。

茄汁豆角焖鸡丁

⏱ 3分钟 🍖 增强免疫

原料： 鸡胸肉270克，豆角180克，西红柿50克，蒜末、葱段各少许

调料： 盐3克，鸡粉1克，白糖3克，番茄酱7克，水淀粉、食用油各适量

扫一扫看视频

做法

1. 豆角洗净切小段；西红柿洗净切丁；鸡胸肉切丁，加盐、鸡粉、水淀粉、食用油腌渍。

2. 锅中注水烧开，加少许食用油、盐，倒入豆角段，焯煮至断生捞出，备用。

3. 用油起锅，倒入鸡肉丁，炒至变色，放入蒜末、葱段，翻炒均匀，倒入豆角段，炒匀。

4. 放入西红柿丁，炒至变软，加适量番茄酱、白糖、盐，炒匀调味，倒入少许水淀粉翻炒至食材入味，关火后盛出即可。

3分钟
开胃消食

扫一扫看视频

芦笋炒鸡柳

原料： 鸡胸肉150克，芦笋120克，西红柿75克

调料： 盐3克，鸡粉2克，水淀粉、食用油各适量

烹饪小提示

腌渍鸡柳时可以加入少许食用油，这样菜肴的口感会更佳。

做法

1 芦笋洗净去皮，切粗条；净鸡胸肉切成鸡柳；西红柿洗净，切小块，去瓤。

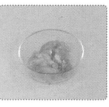

2 把鸡柳装入碗中，加入少许盐、鸡粉、水淀粉，拌匀，腌渍至其入味。

3 芦笋条加少许食用油、盐入水焯煮片刻，捞出。

4 用油起锅，入腌渍好的鸡柳，炒至变色，倒入焯过水的芦笋条，放入西红柿块。

5 转小火，加入少许盐、鸡粉，炒匀。

6 再倒入适量水淀粉，用中火翻炒一会儿，至食材熟透，关火后盛出即可。

扫一扫看视频

芹菜炒鸡杂

⏱ 3分钟　　🫘 开胃消食

原料： 芹菜120克，鸡杂200克，姜片、红椒丝各少许

调料： 盐2克，味精、料酒、蚝油、水淀粉、食用油各适量

做法

1 将洗好的芹菜切段；洗净的鸡杂切十字花刀，改切成块。

2 将鸡杂放入碗中，加料酒、盐、味精，搅拌匀，腌渍入味。

3 热锅注油烧热，倒入鸡杂块，翻炒片刻，倒入姜片、芹菜段，炒1分钟至熟透。

4 放入红椒丝，加盐、味精、蚝油调味，淋入水淀粉炒匀，盛入盘中即成。

三杯鸭

⏱ 25分钟　☁ 清热解毒

扫一扫看视频

原料： 鸭肉600克，芹菜段、姜片、葱段、香菜段各少许
调料： 料酒、盐、白糖、豉油、鸡精、老抽、食用油各适量

做法

1 净鸭肉加芹菜段、姜片、葱段、香菜段、盐、白糖、老抽、料酒拌匀，腌渍后入油锅炸好捞出。

2 锅留底油，放入芹菜段、姜片、葱段、香菜段、白糖、清水、鸭肉、料酒、豉油。

3 加盖焖煮至熟，加入鸡精、老抽调味，挑去香菜段、芹菜段，转大火收浓汁水。

4 盛出鸭肉待凉，舀出汤汁；鸭肉改切小块，装盘，再淋上原汤汁，即可食用。

佛山柱侯酱鸭

⏱ *20分钟*　🍖 *增强免疫*

原料： 净鸭肉1500克，柱侯酱20克，姜片、蒜头各10克，葱结少许
调料： 料酒5毫升，老抽5毫升，盐、白糖、生抽、食用油各适量

扫一扫看视频

做法

1 鸭肉加适量盐、白糖、生抽、料酒，抓匀，腌渍片刻后入油锅中炸好，捞出。

2 用油起锅，加鸭肥肉、鸭爪炒匀，再加姜片、蒜头、葱结、柱侯酱、水、盐、老抽、生抽、鸭肉。

3 加盖焖煮18分钟，转大火收汁，拣出姜片、蒜头、葱结。

4 将鸭肉盛出晾凉，鸭肉斩块，淋上原汤汁即成。

扫一扫看视频

扫一扫看视频

荷香蒸鸭

🕐 35分钟　　🍖 增强免疫

原料： 鸭肉块240克，水发香菇2朵，荷叶半张，姜片8克，葱花3克

调料： 盐2克，胡椒粉1克，生粉8克，生抽8毫升，料酒8毫升

做法

1 香菇泡好切块；鸭肉块加入料酒、姜片、生抽、盐、胡椒粉，拌匀。

2 腌至入味，放入香菇块和生粉，搅拌均匀。

3 荷叶摊开放在盘子上，将腌好的食材放在荷叶中间，将左右两边的荷叶叠在一起，卷裹包好食材。

4 在已烧开水的电蒸锅中，放入食材，加盖，蒸30分钟至熟，揭盖取出，撕开荷叶，撒上葱花即可。

西芹鸭丁

🕐 3分钟　　🍖 益气补血

原料： 鸭腿180克，西芹80克，彩椒40克，姜片、蒜末、葱白各少许

调料： 盐3克，鸡粉3克，生抽、料酒、水淀粉、食用油各适量

做法

1 鸭腿洗净剔除骨头，肉切丁；彩椒洗净切丁；西芹洗净切丁。

2 鸭肉丁加入盐、鸡粉、生抽、水淀粉、食用油，腌渍至入味。

3 用油起锅，下入姜片、蒜末、葱白，爆香，倒入鸭肉丁、料酒，西芹、彩椒丁，拌炒匀。

4 加入适量盐、鸡粉，炒匀调味，淋入少许清水，翻炒片刻，倒入适量水淀粉，拌炒匀，盛出装盘即可。

鸭肉炒菌菇

⏱ 3分钟 🍃 增强免疫

原料： 鸭肉170克，白玉菇100克，香菇60克，彩椒、圆椒各30克，姜片、蒜片各少许

调料： 盐3克，鸡粉2克，生抽2毫升，料酒4毫升，水淀粉5毫升，食用油适量

扫一扫看视频

做法

1. 香菇洗净去蒂，切片；白玉菇洗净去根；彩椒、圆椒洗净切粗丝；处理好的鸭肉切条。
2. 鸭肉条加少许盐、生抽、料酒、水淀粉拌匀，倒入食用油，腌至入味。
3. 香菇片、白玉菇、彩椒、圆椒丝焯煮至断生。
4. 用油起锅，放入姜片、蒜片，爆香，倒入鸭肉条、焯过水的食材、盐、鸡粉、水淀粉、料酒，用大火快速翻炒至入味，盛出即可。

香菇鸭肉

⏱ 11分钟 🍃 清热解毒

原料： 鸭肉500克，鲜香菇100克，姜片、蒜末、葱白各少许

调料： 盐3克，鸡粉、老抽、生抽、水淀粉、料酒、食用油各适量

扫一扫看视频

做法

1. 香菇洗净切小块；鸭肉洗净斩块。
2. 香菇焯水捞出；鸭肉汆去血水，捞出。
3. 用油起锅，倒入鸭肉块，翻炒至出油，倒入姜片、蒜末、葱白，再倒入香菇块，翻炒匀，淋入料酒，加少许老抽、生抽，炒匀。
4. 倒入适量清水、盐、鸡粉，炒匀，加盖，转成小火焖7分钟至熟透后揭盖，大火收汁加入少许水淀粉，快速拌炒匀至入味，关火后盛出即可。

荔枝鸭片

⏱ 3分钟　　🍃 清热解毒

扫一扫看视频

原料： 荔枝200克，鸭脯肉200克，彩椒50克，姜片、蒜末、葱段各少许
调料： 盐、鸡粉各2克，生抽、料酒各8毫升，水淀粉、食用油各适量

做法

1 把所有食材处理好；鸭肉加盐、鸡粉、生抽、料酒、水淀粉、食用油腌渍。

2 锅中注水烧开，放入荔枝肉、彩椒块，煮至断生，捞出。

3 用油起锅，下入姜片、蒜末、葱段爆香，倒入鸭肉片、料酒、生抽，炒匀。

4 放入荔枝肉、彩椒块，炒至熟透，再倒入少许水淀粉，快速炒匀勾芡，盛出。

扫一扫看视频

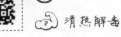

4分钟

清热解毒

小炒腊鸭肉

原料： 腊鸭300克，红椒30克，青椒60克，青蒜15克，花椒5克，姜片5克，朝天椒5克

调料： 鸡粉2克，白糖3克，料酒、生抽各5毫升，食用油适量

烹饪小提示

腊鸭肉本来就腌过，调味料十足，不需要再加太多的调料。

做法

1 红椒洗净去柄去籽，切块；青椒洗净去柄，切圈；青蒜洗净切段；腊鸭斩块。

2 锅中注水烧开，倒入腊鸭块，氽煮片刻后捞出，沥干水分。

3 用油起锅，放入花椒、朝天椒、姜片爆香，放入腊鸭块，拌炒匀。

4 倒入青椒圈、红椒块炒匀。

5 加入料酒、生抽、鸡粉、白糖，炒匀。

6 放入青蒜段，翻炒约1分钟至食材熟透入味，盛出即可。

扫一扫看视频

粉蒸鸭肉

🕐 32分钟　😊 增强免疫

原料： 鸭肉350克，蒸肉米粉50克，水发香菇110克，葱花、姜末各少许

调料： 盐1克，甜面酱30克，五香粉5克，料酒5毫升

做法

1 取一蒸碗，放入洗净切好的鸭肉块，加入盐、五香粉。

2 再加入少许料酒、甜面酱，倒入洗好的香菇、葱花、姜末，搅拌匀。

3 倒入蒸肉米粉，搅拌片刻，装碗待用。

4 蒸锅上火烧开，放入鸭肉块，加盖，大火蒸30分钟至熟透后揭盖，将鸭肉块扣在盘中即可。

扫一扫看视频

玉米粒炒鸭肉

🕐 3分钟　😊 防癌抗癌

原料： 鲜玉米粒150克，鸭肉100克，胡萝卜50克，姜片、蒜末、葱白各少许

调料： 鸡粉3克，盐4克，生抽4毫升，料酒、水淀粉、食用油各适量

做法

1 胡萝卜、鸭肉洗净切丁；鸭肉丁加鸡粉、盐、料酒、生抽、水淀粉、食用油腌渍入味。

2 热锅中注水烧开，放入盐、玉米粒、胡萝卜丁，拌匀，煮至断生，捞出。

3 用油起锅，放入姜片、蒜末、葱白爆香，倒入鸭肉丁，快速炒匀，淋入料酒，炒至转色。

4 倒入焯煮好的食材，翻炒至熟，加入鸡粉、盐调味，炒至入味，倒入少许水淀粉，用锅铲翻炒均匀，出锅盛入盘中即成。

扫一扫看视频

韭菜花炒腊鸭腿

⏱ 3分钟　　🍃 开胃消食

原料： 腊鸭腿1只，韭菜花230克，蒜末少许
调料： 盐2克，鸡粉2克，料酒4毫升，食用油适量

做法

1 韭菜花洗净切段；腊鸭腿斩成丁。

2 锅中注水烧开，倒入鸭腿丁，煮沸，氽去多余盐分，捞出，沥干水分待用。

3 用油起锅，放入蒜末，爆香，加入鸭腿丁，炒匀，倒入韭菜花，翻炒至熟软。

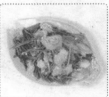

4 放盐、鸡粉，淋入料酒，炒匀，将菜肴盛出装盘即可。

腊鸭腿焖土豆

🕐 35分钟　🍲 降低血糖

扫一扫看视频

原料： 腊鸭腿200克，土豆150克，花椒50克，葱花、蒜末各少许
调料： 白糖4克，料酒、食用油各适量

做法

1 土豆洗净去皮，切滚刀块；腊鸭腿斩块。

2 锅中注入适量清水烧开，倒入腊鸭腿块，淋入料酒，略煮一会儿捞出，沥干水分。

3 用油起锅，倒入花椒、蒜末，爆香，放入腊鸭腿块，炒匀，注入清水，拌匀。

4 倒入土豆块、白糖、料酒，拌匀，加盖小火焖30分钟，放入葱花，拌匀盛出即可。

扫一扫看视频

2小时

益气补血

卤水鸭翅

原料： 鸭翅350克，猪骨300克，老鸡肉300克，草果、葱结、干沙姜、香菜各15克，白蔻、八角、罗汉果、红曲米、蒜头各10克，小茴香2克，香茅、甘草、花椒、芫荽子各5克，桂皮、砂仁各6克，丁香3克，肥肉50克，红葱头20克，隔渣袋1个
调料： 生抽20毫升，老抽20毫升，鸡粉10克，盐、白糖、食用油各适量

烹饪小提示

鸭翅拔毛后还会有些细小的毛，可以用火烧的方式去除。

做法

1 汤锅置于火上，倒入清水、猪骨、鸡肉，加盖，用大火烧热，煮沸，捞去浮沫。

2 加盖，转用小火熬煮约1小时，捞出鸡肉和猪骨，余下的汤料即成上汤，盛出。

3 把隔渣袋平放在盘中，放入所有香料，收紧袋口，扎严实，制成香料袋。

4 炒锅烧热注油，放肥肉、蒜头、红葱头、葱结、香菜爆香，放入白糖，炒至溶化。

5 加入上汤、香料袋、盐、生抽、老抽、鸡粉，加盖，转小火煮约30分钟，去葱结、香菜，成精卤水。

6 净鸭翅放入煮沸的卤水锅中，小火卤煮20分钟后取出，切成块，摆入盘中，浇上少许卤汁即可。

扫一扫看视频

卤水鸭胗

🕐 37分钟　🍲 开胃消食

原料： 鸭胗250克，姜片、葱结各少许，卤水汁120毫升

调料： 盐3克，料酒4毫升

做法

1 锅中注水烧开，放入洗净的鸭胗，煮去血渍，淋上料酒，氽煮去除腥味后捞出，沥干水分，待用。

2 锅置旺火上，倒入备好的卤水汁，注入少许清水，撒上姜片、葱结，倒入鸭胗，加入盐。

3 加盖，大火烧开后转小火卤约35分钟，至食材熟透。

4 揭盖，捞出卤熟的鸭胗，晾凉后切小片，摆放在盘中即可。

扫一扫看视频

香煎鹅肝

🕐 4分钟　🍲 保肝护肾

原料： 鹅肝300克

调料： 盐2克，料酒3毫升，生抽2毫升，食用油适量

做法

1 洗净的鹅肝切开，去除油脂，切片。

2 把鹅肝片放入碗中，加入少许盐、料酒、生抽，拌匀，腌渍片刻至其入味，备用。

3 煎锅置于火上烧热，淋入少许食用油烧热，放入鹅肝片，用小火略煎片刻。

4 翻转鹅肝片，煎至两面断生，关火后盛出即可。

扫一扫看视频

⏱ 47分钟

🍚 养颜美容

鹅肝炖土豆

原料： 鹅肝250克，土豆200克，香菜末、葱花各少许

调料： 盐2克，甜面酱20克，料酒、生抽各4毫升，白糖、食用油各适量

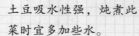

烹饪小提示

土豆吸水性强，炖煮此菜时宜多加些水。

做法

1 土豆洗净去皮切小块；鹅肝洗净切片，备用。

2 用油起锅，倒入甜面酱，炒香，放入鹅肝片，炒匀，淋入料酒，炒香。

3 倒入土豆块，炒匀，注入适量清水。

4 加盖，烧开后用小火炖约30分钟。

5 揭盖，加入盐、白糖、生抽，再加盖，用小火续炖约15分钟至食材熟透。

6 揭盖，搅拌几下，关火后盛出，撒上香菜末、葱花即可。

黄焖仔鹅

⏱ 8分钟　🧠 益气补血

扫一扫看视频

原料： 鹅肉600克，嫩姜120克，红椒1个，姜片、蒜末、葱段各少许
调料： 盐3克，鸡粉3克，生抽、老抽各少许，黄酒、水淀粉、食用油各适量

做法

1 红椒洗净去籽，切小块；嫩姜洗净切片；嫩姜入水焯煮1分钟捞出。

2 鹅肉斩块洗净倒入沸水锅中，搅拌匀，氽去血水后捞出，盛入盘中，待用。

3 用油起锅，放入蒜末、姜片爆香，倒入鹅肉块、生抽、盐、鸡粉、黄酒，炒匀。

4 倒入清水、老抽，炒匀，焖5分钟，放入红椒块、水淀粉，拌匀，放入葱段即可。

扫一扫看视频

豌豆乳鸽

🕐 3分钟　　🐷 增强免疫

原料： 鸽肉100克，豌豆150克，姜片、蒜末、青椒片、红椒片、葱白各少许
调料： 盐、味精、料酒、生抽、生粉、白糖、水淀粉、食用油各适量

做法

1 鸽肉洗净斩块，加盐、味精、料酒、生抽拌匀，撒上生粉拌匀，腌入味。

2 豌豆加油、盐焯熟后捞出；热锅注油，烧至五六成热，倒入鸽肉块，炸熟后捞出。

3 锅留底油，倒入姜片、蒜末、青椒片、红椒片、葱白、鸽肉块、料酒炒香。

4 倒入豌豆、清水煮沸，加入盐、味精、白糖、水淀粉，炒匀，盛入盘中即可。

鸡蛋炒百合

⏱ 2分钟　　🫁 养心润肺

扫一扫看视频

原料：鲜百合140克，胡萝卜25克，鸡蛋2个，葱花少许
调料：盐、鸡粉各2克，白糖3克，食用油适量

做法

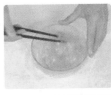

1 胡萝卜洗净去皮，切片；鸡蛋打入碗中，加入盐、鸡粉，拌匀，制成蛋液。

2 锅中注水烧开，倒入胡萝卜片，拌匀，放入百合，拌匀。

3 加入白糖，煮至食材断生后捞出，沥干水分，待用。

4 用油起锅，倒入蛋液，炒匀，放入焯过水的食材，炒匀。

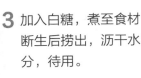

5 撒上葱花，炒出葱香味，盛出即可。

烹饪小提示

百合可先用温水浸泡一会儿再清洗，更易清除其杂质。

扫一扫看视频

菠菜炒鸡蛋

⏱ 2分钟　🫘 增强免疫

原料： 菠菜65克，鸡蛋2个，彩椒10克
调料： 盐2克，鸡粉2克，食用油适量

做法

1 彩椒洗净去籽，切丁；菠菜洗净切粒。

2 鸡蛋打入碗中，加入盐、鸡粉，搅匀打散，制成蛋液。

3 用油起锅，倒入蛋液，翻炒均匀，加入彩椒丁，翻炒匀。

4 倒入菠菜粒，炒至食材熟软，关火后盛出即可。

白果蒸鸡蛋

⏱ 17分钟　🥚 补铁

原料：鸡蛋2个，白果10克
调料：盐、鸡粉各1克

扫一扫看视频

做法

1 取一个碗，打入鸡蛋，加入盐、鸡粉，注入温开水，搅散，待用。

2 蒸锅注水烧开，放入调好的蛋液，加盖，用小火蒸10分钟。

3 揭盖，放入洗好的白果，加盖，再蒸5分钟至熟。

4 揭盖，取出蒸好的蛋羹即可。

扫一扫看视频

2分钟

增强免疫

火腿滑蛋

原料： 火腿肠1根，鸡蛋2个，葱10克

调料： 盐2克，鸡粉、芝麻油、胡椒粉、水淀粉、食用油各适量

烹饪小提示

鸡蛋本身含有与味精相同的成分——谷氨酸，因此炒鸡蛋时可不必再放味精。

做法

1 火腿肠切丁；葱洗净切末。

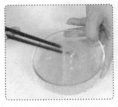
2 鸡蛋打入碗中，加盐、鸡粉、胡椒粉、芝麻油，搅散，再倒入少许水淀粉搅匀。

3 炒锅注油烧热，倒入火腿丁，滑油片刻，捞出沥干油，放入装有蛋液的碗中。

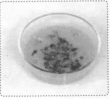
4 再撒上葱末，顺一个方向，充分拌匀。

5 另起油锅烧热，倒入搅拌好的鸡蛋。

6 用中火轻轻炒一小会儿，再翻面煎至熟透，盛入盘中即成。

鸭蛋鱼饼

🕐 5分钟　🍲 养颜美容

扫一扫看视频

原料： 鱼肉泥270克，鸭蛋1个，葱花少许
调料： 盐3克，鸡粉2克，食用油少许

做法

1 取一大碗，倒入鱼肉泥，加入盐、鸡粉，拌匀调味。

2 打入鸭蛋，撒上葱花，搅拌匀，备用。

3 煎锅置于旺火上，淋入适量食用油，烧至三成热。

4 转小火，倒入拌好的鱼肉泥，摊开，铺成饼状。

烹饪小提示

鱼肉饼出锅前可淋上少许芝麻油，能使成品口感更佳。

5 晃动煎锅，煎至成形，翻转鱼肉饼，用小火煎至两面熟透，盛出，切小块即可。

扫一扫看视频

咸蛋黄烧茄子

⏱ 4分钟　🍖 清热解毒

原料： 咸蛋黄60克，茄子200克，蒜末、葱花各少许

调料： 鸡粉2克，盐1克，食用油适量

做法

1 茄子洗净去皮，切丁；咸蛋黄压碎，剁成末。

2 热锅注油，烧至五成热，放入茄丁，炸约2分钟，捞出。

3 锅留底油，放入蒜末，大火爆香，倒入茄丁、蛋黄末，翻炒均匀。

4 加入盐、鸡粉，炒匀调味。

烹饪小提示

茄子去皮后易被氧化，因此茄子切开后要浸于清水中，防止表面的颜色变黑。

5 撒上葱花，拌炒均匀，起锅，盛出装盘即成。

茭白木耳炒鸭蛋

⏱ 3分钟　🧠 养颜美容

扫一扫看视频

原料： 茭白300克，鸭蛋2个，水发木耳40克，葱段少许
调料： 盐4克，鸡粉3克，水淀粉10毫升，食用油适量

做法

1 木耳洗净切小块；茭白洗净切片；鸭蛋加少许盐、鸡粉、水淀粉，打散，调匀。

2 茭白片、木耳块加盐、鸡粉焯煮1分钟捞出，装盘备用。

3 用油起锅，倒入鸭蛋液，搅散，翻炒至七成熟，盛出备用。

4 用食用油起锅，放葱段、茭白、木耳块、鸭蛋块、盐、鸡粉、水淀粉，炒匀，盛出即可。

扫一扫看视频

咸蛋肉碎蒸娃娃菜

⏱ 12分钟　🥜 清热解毒

原料： 熟咸蛋1个，猪肉末150克，娃娃菜300克，蒜末、葱花各少许
调料： 盐1克，鸡粉2克，生抽2毫升，老抽、料酒、水淀粉、食用油各适量

做法

1 娃娃菜洗净切成瓣，切去菜心，装盘；咸蛋去壳切成丁。

2 用油起锅，放入蒜末，爆香，倒入猪肉末、料酒、生抽、老抽，炒匀。

3 倒入清水、盐、鸡粉、水淀粉，把猪肉末盛出，放在娃娃菜上，再放上咸蛋丁。

4 将娃娃菜放入烧开的蒸锅中，加盖，用中火蒸10分钟，取出放入葱花、熟油即成。

扫一扫看视频

干贝咸蛋黄蒸丝瓜

🕐 22分钟　　🍲 清热解毒

原料： 丝瓜200克，水发干贝30克，蜜枣3克，咸蛋黄4个，葱花少许

调料： 生抽5毫升，水淀粉4毫升，芝麻油适量

做法

1 丝瓜洗净去皮切成段，用大号V型戳刀挖去瓜瓤；咸蛋黄对半切开，待用。

2 丝瓜段放入蒸盘，每个丝瓜段中放入一块咸蛋黄。

3 蒸锅注水烧开，放入蒸盘，加盖，大火蒸20分钟至熟，揭盖，将菜肴取出。

4 热锅注水烧热，放入蜜枣、干贝，淋入生抽、水淀粉、芝麻油，搅匀，将调好的芡汁浇在丝瓜段上，撒上葱花即可。

扫一扫看视频

咸蛋黄焗南瓜

🕐 5分钟　　🍲 美容养颜

原料： 咸蛋黄70克，南瓜200克，葱花少许

调料： 鸡粉2克，盐少许，食用油适量

做法

1 南瓜洗净去皮，切丁；咸蛋黄压碎，剁末。

2 热锅注油，烧至五成热，下入南瓜丁，炸出香味，捞出沥油，备用。

3 锅底留油，放入咸蛋黄末，大火爆出香味，倒入南瓜丁，拌炒匀，注入适量清水，放入盐、鸡粉。

4 加盖，用小火焖煮约3分钟至入味，揭盖，撒入葱花，拌炒匀，盛出装盘即可。

扫一扫看视频

苦瓜酿咸蛋

⏱ 20分钟　　🧠 增强免疫

原料： 苦瓜200克，咸蛋黄150克，咖喱膏20克
调料： 食粉、盐、水淀粉、味精、白糖、食用油各适量

做法

1 苦瓜切棋子形块，去籽；咸蛋黄放入蒸锅，加盖蒸约10分钟取出，压碎剁末。

2 锅中水烧开，入食粉、盐、苦瓜块，煮约2分钟捞出，稍放凉后塞入咸蛋黄末。

3 将酿好的苦瓜块放入蒸锅，加盖蒸约5分钟至熟，揭盖取出。

4 水、咖喱膏、盐、味精、白糖、水淀粉、熟油入锅调匀，盛出浇在苦瓜块上即可。

PART 05 粤味水产，清鲜淡美

　　提到粤菜的菜式，大家最先想到的应该是海鲜水产菜。粤菜中的生猛海鲜以清淡口味为主，讲究新鲜淡美、原汁原味。这一站，我们可以徜徉在做法简单多样的地道水产菜中，让你在饱享眼福的同时，快速入门，轻松烹制出正宗美味的粤味水产。

扫一扫看视频

梅菜腊味蒸带鱼

⏱ 12分钟　　🫘 益气补血

原料： 带鱼130克，水发梅干菜90克，红椒35克，青椒35克，腊肠60克，蒜末少许

调料： 辣椒酱20克，料酒5毫升，生抽4毫升，盐2克，白糖4克，食用油适量

做法

1 红椒、青椒洗净切丁；腊肠切丁；梅干菜泡发好对半切开；净带鱼切段，切一字花刀。

2 取一盘子，铺上梅干菜、带鱼段。

3 腊肠丁、红椒、青椒、蒜末、辣椒酱、料酒、生抽、盐、白糖、食用油装碗中，拌匀浇在带鱼段上。

4 蒸锅上火烧开，放入带鱼，加盖，大火蒸10分钟至熟透，将食材取出即可。

豆瓣酱烧带鱼

🕐 13分钟　　🍲 益气补血

扫一扫看视频

原料： 带鱼肉270克，姜末、葱花各少许
调料： 盐2克，料酒9毫升，豆瓣酱10克，生粉、食用油各适量

做法

1 带鱼肉处理好，两面切上网格花刀，切块，加入盐、料酒、生粉，腌入味。

2 用油起锅，放入带鱼块，用小火煎出香味，翻转鱼块，煎至断生，关火后盛出。

3 锅底留油烧热，倒入姜末，爆香，放入豆瓣酱，炒香，注入清水，放入带鱼块。

4 加入适量料酒，加盖，煮开后用小火焖10分钟，盛出，点缀上葱花即可。

155

葱香带鱼

⏱ 10分钟　🦵 补铁

原料： 带鱼肉350克，葱条35克，姜片30克

调料： 盐3克，鸡粉2克，鱼露3毫升，料酒6毫升，食用油少许

做法

1 将洗净的带鱼肉切成均等大小的段，再打上花刀，装在碗中。

2 放入姜片，淋入鱼露，加入盐、鸡粉、料酒，拌匀，腌渍入味。

3 取一个蒸盘，整齐地放上洗净的葱条，再摆上腌渍好的带鱼块，待用。

4 蒸锅注水烧开，放入蒸盘，用中火蒸约8分钟至带鱼熟透，取出，淋上少许热油即成。

扫一扫看视频

菟丝子烩鳝鱼

⏱ 30分钟　🦵 益气补血

原料： 鳝鱼200克，青椒、红椒各40克，生地10克，菟丝子5克，姜片少许

调料： 盐、鸡粉各3克，生粉2克，生抽3毫升，料酒5毫升，水淀粉少许，食用油适量

做法

1 青椒、红椒均洗净切小块；净鳝鱼斩段，加料酒、盐、鸡粉、生粉、油，腌入味。

2 砂锅中注水烧开，倒入生地、菟丝子，拌匀，加盖，烧开后用小火煮20分钟，盛出药汁。

3 用油起锅，放入姜片，爆香，倒入青椒块、红椒块、鳝鱼段，炒匀，淋入料酒，加入盐、鸡粉，炒匀。

4 倒入适量药汁，略煮至食材熟透，用水淀粉勾芡，加入生抽，炒匀，关火后盛出即可。

扫一扫看视频

37分钟

益气补血

扫一扫看视频

黄豆炖鳝鱼

原料： 鳝鱼400克，水发黄豆80克，姜片、葱花各少许

调料： 盐4克，鸡粉4克，料酒6毫升，胡椒粉少许

烹饪小提示

煮鳝鱼时可以加入少许陈皮，能去腥提鲜。

做法

1 把处理干净的鳝鱼斩成小块，装入碗中。

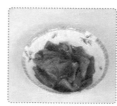

2 加入少许料酒、盐、鸡粉，抓匀，腌渍至入味。

3 砂锅中注入适量清水烧开，放入泡发洗好的黄豆，加盖，用小火炖20分钟。

4 揭盖，放入姜片、鳝鱼块，拌匀，加入适量料酒。

5 盖上盖，用小火炖15分钟至食材熟透。

6 揭盖，放入适量盐、鸡粉、胡椒粉，用锅勺拌匀调味，盛出撒上葱花即可。

扫一扫看视频

豉汁鱿鱼筒

⏱ 2分钟　　🍲 增强免疫

原料： 鱿鱼200克，豆豉30克，白芝麻15克，西蓝花150克

调料： 白糖3克，鸡粉2克，生抽5毫升，盐、食用油各少许

做法

1 西蓝花洗净切小朵。

2 鱿鱼加盐汆水片刻去腥捞出；西蓝花小朵加食用油焯至断生捞出待用。

3 将汆好的鱿鱼切成圈，鱿鱼须切段，放入盘中，边上摆上西蓝花小朵。

4 热锅注油烧热，倒入豆豉，加入适量生抽、清水、白糖、鸡粉，搅匀调成味汁。

烹饪小提示

汆鱿鱼的时候可以淋点料酒，能更好地去除腥味。

5 将味汁浇在鱿鱼圈上，再撒上白芝麻即可。

扫一扫看视频

葱烧鱿鱼

⏱ 3分钟　🍲 保肝护肾

原料： 鱿鱼120克，彩椒45克，西芹、大葱各40克，姜片、葱段各少许

调料： 盐3克，鸡粉3克，料酒5毫升，水淀粉、食用油各适量

做法

1 大葱、彩椒、西芹洗净切小块；在鱿鱼内侧刻花刀，改切成小块。

2 鱿鱼块装碗，加少许盐、鸡粉、料酒、水淀粉，抓匀，腌渍至入味。

3 锅中注水烧开，放入食用油，倒入西芹块、彩椒块，煮至断生，捞出；鱿鱼块入沸水锅，焯煮至鱿鱼卷曲，捞出。

4 用油起锅，爆香姜片、葱段，倒入大葱块、鱿鱼卷、西芹块、彩椒块、料酒、盐、鸡粉、水淀粉，炒熟即可。

扫一扫看视频

酱爆鱿鱼圈

⏱ 3分钟　🍲 增强免疫

原料： 鱿鱼250克，红椒25克，青椒35克，洋葱45克，蒜末10克，姜末10克

调料： 豆瓣酱30克，料酒5毫升，鸡粉2克，食用油适量

做法

1 洋葱洗净切丝；红椒、青椒洗净去籽，切丝；处理好的鱿鱼切成圈。

2 锅中注水烧开，倒入鱿鱼圈，氽煮片刻捞出，放入凉水晾凉后，捞出。

3 热锅注油烧热，倒入豆瓣酱、姜末、蒜末，翻炒爆香，倒入鱿鱼圈，淋入少许料酒，翻炒去腥。

4 倒入洋葱丝，注入适量的清水，倒入青椒丝、红椒丝，加入少许鸡粉，翻炒匀，关火后盛出即可。

扫一扫看视频

莴笋鱿鱼丝

🕐 3分钟 益气补血

原料： 莴笋150克，红椒15克，鱿鱼250克，姜片、蒜末、葱段各少许

调料： 盐5克，鸡粉2克，料酒5毫升，水淀粉4毫升，食用油适量

做法

1 莴笋去皮洗净，切丝；红椒洗净去籽，切丝；鱿鱼须洗净切段，鱿鱼身洗净切丝。

2 莴笋丝加油、盐焯煮半分钟捞出；鱿鱼丝入沸水锅焯煮约半分钟捞出。

3 热锅注油烧热，放入姜片、蒜末、葱段、红椒丝、鱿鱼丝、料酒，翻炒香。

4 放入莴笋丝，加盐、鸡粉，炒匀调味，倒入水淀粉，迅速将食材炒匀，盛出即可。

扫一扫看视频

卤水鱿鱼

🕐 1小时30分钟 提神健脑

原料： 鱿鱼、猪骨、老鸡肉各300克，草果、香菜、干沙姜、葱结各15克，白蔻、蒜头、红曲米、罗汉果、八角各10克，小茴香2克，香茅、甘草、花椒、芫荽子各5克，桂皮、砂仁各6克，丁香3克，肥肉50克，红葱头20克，隔渣袋1个

调料： 生抽20毫升，老抽20毫升，鸡粉10克，盐、白糖、食用油各适量

做法

1 猪骨、鸡肉入汤锅熬煮约1小时后捞出，余下的汤料即成上汤。

2 隔渣袋中放入所有香料，收紧袋口。

3 肥肉、蒜头、红葱头、葱结、香菜、白糖、上汤、香料袋、盐、生抽、老抽、鸡粉入油锅制成精卤水。

4 卤水锅入净鱿鱼，卤20分钟即可。

茄汁鱿鱼卷

 3分钟　　降低血压

扫一扫看视频

原料： 鱿鱼肉170克，莴笋65克，胡萝卜45克，葱花少许
调料： 番茄酱30克，盐2克，料酒5毫升，食用油适量

做法

1 莴笋洗净去皮切薄片；胡萝卜洗净切薄片；鱿鱼洗净切花刀，再切小块。

2 锅中注水烧开，倒入胡萝卜片，煮约1分钟至其断生后捞出，沥干水分。

3 沸水锅中倒入鱿鱼块，淋入料酒，汆去腥味，略煮至鱼身卷起，捞出。

4 番茄酱、盐、鱿鱼卷、胡萝卜片、莴笋片、料酒、葱花入油锅炒香，盛出即可。

扫一扫看视频

🕐 3分钟

🍲 增强免疫

豉汁炒鲜鱿鱼

原料： 鱿鱼180克，彩椒50克，红椒25克，豆豉、姜片、蒜末、葱段各少许

调料： 盐3克，鸡粉2克，生粉10克，老抽2毫升，料酒4毫升，生抽6毫升，水淀粉、食用油各适量

烹饪小提示

鱿鱼上的花刀可以切得密集些，这样鱿鱼卷的外形会更美观。

做法

1 彩椒、红椒均洗净切小块；鱿鱼处理净切花刀，再切片。

2 将鱿鱼片装碗，加盐、鸡粉、料酒、生粉腌渍至入味。

3 锅中注水烧开，倒入腌渍好的鱿鱼片氽至卷起后捞出。

4 用食用油起锅，爆香豆豉、姜片、蒜末、葱段，倒入彩椒块、红椒块、鱿鱼片、料酒。

5 放入生抽、老抽、盐、鸡粉炒匀调味。

6 倒入适量水淀粉，翻炒至食材熟透、入味，关火后盛出装入盘中即成。

扫一扫看视频

酱鲫鱼

🕐 8分钟　🥘 增强免疫

原料： 鲫鱼400克，香菜10克，黄豆酱30克，干辣椒10克，蒜片20克，姜片、八角、葱段各少许

调料： 鸡粉2克，白糖3克，料酒5毫升，白醋4毫升，水淀粉5毫升，盐3克，食用油适量

做法

1　用食用油起锅，倒入八角、姜片、蒜片、葱段、干辣椒、黄豆酱、鲫鱼、料酒、白醋，炒香。

2　注入适量的清水，加入盐，翻炒均匀，加盖，大火焖6分钟至熟。

3　掀开锅盖，加入鸡粉、白糖调味，将鲫鱼盛出装入盘中，待用。

4　再将水淀粉倒入汤汁中，大火收汁，将汤汁浇在鲫鱼上，撒上香菜即可。

扫一扫看视频

浇汁草鱼片

🕐 7分钟　🥘 美容养颜

原料： 草鱼肉320克，水发粉丝120克，姜片、葱条各少许

调料： 盐、鸡粉各3克，胡椒粉2克，料酒4毫升，陈醋7毫升，白糖、水淀粉、食用油各适量

做法

1　草鱼肉洗净切开，取鱼肉，切成片。

2　锅中注水烧开，倒入粉丝，煮至变软捞出，沥干水分，装盘待用。

3　起油锅，爆香姜片、葱条，注水，加入盐、鸡粉、料酒、草鱼片，拌匀加盖，烧开后煮约5分钟，捞出草鱼片，放在粉丝上，摆盘。

4　锅中注水烧热，加入盐、鸡粉、白糖、陈醋、胡椒粉、水淀粉，搅拌均匀，调成味汁，盛出后浇在草鱼片上即可。

扫一扫看视频

清蒸草鱼段

 17分钟　开胃消食

原料： 草鱼肉370克，姜丝、葱丝、彩椒丝各少许
调料： 蒸鱼豉油少许

做法

1 洗净的草鱼肉由背部切一刀，放在蒸盘中，待用。

2 蒸锅上火烧开，放入蒸盘。

3 再盖上盖，用中火蒸约15分钟，至熟。

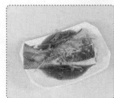

4 取出蒸盘，撒上姜丝、葱丝、彩椒丝，淋上蒸鱼豉油即可。

豆豉蒸黄花鱼

⏱ 9分钟　🍽 开胃消食

扫一扫看视频

原料： 黄花鱼200克，豆豉25克，姜片、蒜末、葱花各少许
调料： 鸡粉2克，生抽2毫升，生粉3克，豆瓣酱8克，白糖3克，食用油适量

做法

1 取一碗，放入豆豉、蒜末、姜片。

2 加入适量食用油、豆瓣酱、白糖、鸡粉、生抽，拌匀。

3 放入生粉，拌匀，制成豆豉酱。

4 处理干净的黄花鱼装盘，浇上豆豉酱，放入烧开的蒸锅中。

烹饪小提示

豆瓣酱和生抽已经有咸味，所以可以不用放盐。

5 加盖，用大火蒸7分钟后把黄花鱼取出，撒上葱花，再浇上少许熟油即可。

蒜烧黄鱼

🕐 20分钟　🍖 降低血压

原料： 黄鱼400克，大蒜35克，姜片、葱段、香菜各少许

调料： 盐3克，鸡粉2克，生抽8毫升，料酒8毫升，生粉35克，白糖3克，蚝油7克，老抽2毫升，水淀粉、食用油适量

扫一扫看视频

做法

1 大蒜洗净切片；净黄鱼切一字花刀，加少许盐、生抽、料酒，将鱼身抹均匀，腌15分钟，再均匀地撒上适量生粉。

2 黄鱼入油锅炸至金黄色捞出。

3 蒜片、姜片、葱段、水、盐、鸡粉、白糖、生抽、蚝油、老抽、黄鱼入油锅煮2分钟。

4 水淀粉调浓汁浇在黄鱼上，点缀香菜即可。

豉油清蒸多宝鱼

🕐 14分钟　🍖 益气补血

原料： 多宝鱼1条，姜丝、红椒丝各3克，葱丝、姜片各10克

调料： 蒸鱼豉油10毫升，食用油适量

扫一扫看视频

做法

1 多宝鱼洗净两面打花刀，取一盘，将筷子呈十字架形状摆放好，放入两片姜片，放上多宝鱼，再将两片姜片放在鱼身上，待用。

2 电蒸锅注水烧开，放入多宝鱼，盖上盖，蒸10分钟。

3 倒出多余的水分，拿出筷子、姜片，放上姜丝、葱丝、红椒丝。

4 用食用油起锅，中小火将油烧至八成热，淋到多宝鱼上，再淋入蒸鱼豉油即可。

清蒸鲳鱼 ⏱ 10分钟 🫘 益气补血

扫一扫看视频

原料： 鲳鱼500克，生姜40克，红椒20克，葱白、葱叶各10克

调料： 盐3克，鸡粉5克，白糖10克，豉油50毫升，食用油、芝麻油、胡椒粉各适量

做法

1 生姜去皮洗净切片，取部分切丝；葱叶洗净切丝；红椒洗净去籽，切丝。

2 取一盘，垫葱白于底，放入净鲳鱼、姜片、盐，将盘放入蒸锅，加盖蒸7分钟。

3 夹去姜片和葱白，将姜丝、葱丝和红椒丝拌匀，放在鱼身上，撒上胡椒粉。

4 热油淋在鱼上，锅底留油，加水、豉油、白糖、鸡粉、芝麻油煮沸后浇入盘中鱼上即可。

扫一扫看视频

苦瓜焖鲳鱼

🕐 17分钟　　☁ 增强免疫

原料： 鲳鱼550克，苦瓜260克，彩椒15克，姜片、葱段各少许
调料： 料酒5毫升，盐2克，生抽6毫升，鸡粉2克，胡椒粉、食用油各适量

做法

1 彩椒洗净切块；苦瓜洗净去瓤，切块；鲳鱼处理净，在两面切上网格花刀，备用。

2 用油起锅，放入鲳鱼，用中火煎香，翻转煎至两面断生，将多余的油盛出。

3 入姜片、葱段、水、料酒、盐、生抽、苦瓜块，煮10分钟，放入彩椒块，续煮5分钟。

4 关火后盛出鲳鱼，在锅里的汤料中加入鸡粉、胡椒粉，搅匀盛出，浇在鱼上即可。

豉汁蒸鲍鱼

⏱ 5分钟30秒　🍲 美容养颜

原料： 鲍鱼110克，豆豉20克，红葱头25克，红椒10克，蒜头10克，陈皮、葱花各少许

调料： 老抽、生抽、鸡粉、白糖、盐、生粉、食用油各适量

做法

1 净鲍鱼取肉，去除内脏，鲍鱼肉打上网格花刀后放回壳中，放入蒸盘待用。

3 蒜末、红葱头、红椒丁、陈皮末、豆豉、老抽、生抽、鸡粉、白糖、盐入油锅。

烹饪小提示

豆豉要尽量剁得细一些，放入蒸锅蒸时，才能更好地融入到鲍鱼肉中，满齿留香。

2 红椒洗净切丁；蒜头、红葱头去皮洗净，剁碎末；陈皮洗净切末；豆豉切末。

4 趁热加入生粉、熟油，拌匀，制成调味汁，浇在鲍鱼肉上。

5 蒸锅注水烧开，放入盛有鲍鱼的蒸盘，加盖，蒸约3分钟，加入葱花、熟油即成。

扫一扫看视频

169

扫一扫看视频

清蒸鲍鱼

🕐 4分钟　　🍲 清热解毒

原料： 鲍鱼150克，姜丝、葱花各少许
调料： 盐2克，鸡粉1克，生抽、食用油各适量

做法

1 从洗净的鲍鱼中取下肉质，去除内脏，打上网格花刀，把切好的鲍鱼肉放回壳中。

2 把鲍鱼肉装入盘中，摆放整齐，撒上盐、鸡粉，再放上姜丝。

3 蒸锅内加清水，大火煮沸，放入盛鲍鱼肉的盘子，大火蒸3分钟至熟透。

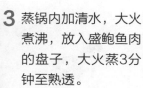

4 取出蒸好的鲍鱼，趁热浇上少许生抽，放入葱花，滴上几滴热油即成。

麒麟鲈鱼

⏱ 9分钟　🧠 提神健脑

扫一扫看视频

原料： 鲈鱼500克，熟金华火腿120克，油菜200克，冬菇150克，五花肉180克，姜35克

调料： 盐、味精、鸡粉、水淀粉各适量

做法

1 五花肉煮熟，晾凉切片；冬菇洗净切片；火腿切片；油菜洗净切瓣；姜洗净切片。

2 净鲈鱼鱼肉切片；鱼头、鱼尾装入盘中，加盐腌渍入味；冬菇片、油菜瓣分别焯水。

3 火腿片、鱼片、冬菇片、五花肉片、姜片装盘入蒸锅蒸熟；鱼头、鱼尾另入蒸锅蒸熟。

4 将鱼摆好盘；将清水、水淀粉、盐、味精、鸡粉入热锅调匀，淋入盘中即可。

扫一扫看视频

清蒸鲈鱼

🕐 9分钟　　🍲 益气补血

原料： 鲈鱼400克，葱10克，红椒15克，葱白、姜丝、姜片各少许
调料： 豉油30毫升，食用油、胡椒粉各适量

做法

1 鲈鱼治净，背部切开；葱、红椒均洗净切丝。

2 鲈鱼装盘，放上姜片、葱白，放入蒸锅，加盖，大火蒸7分钟至熟，取出。

3 挑去姜片和葱白，撒上姜丝、葱丝、红椒丝、胡椒粉。

4 锅中注油，烧至七成热，浇在鲈鱼上；锅中加豉油，烧开，浇入盘底即可。

扫一扫看视频

菊花鱼片

🕐 3分钟　👐 开胃消食

原料：草鱼肉500克，莴笋200克，高汤200毫升，姜片、葱段、菊花各少许

调料：盐4克，鸡粉3克，水淀粉4毫升，食用油适量

做法

1 莴笋洗净去皮，切薄片；治净的草鱼肉切成双飞鱼片。

2 鱼片装碗加盐、水淀粉，拌匀腌渍片刻。

3 用食用油起锅，爆香姜片、葱段，翻炒，倒入少许清水，倒入高汤，大火煮开，倒入莴笋片，搅匀煮至断生。

4 加入少许的盐、鸡粉，倒入鱼片、菊花，搅拌片刻，稍煮至鱼肉熟透，关火盛出即可。

扫一扫看视频

三鲜烩鱼片

🕐 3分钟　👐 开胃消食

原料：草鱼肉150克，金华火腿20克，西蓝花200克，水发香菇30克，姜片、蒜末、葱段各少许

调料：盐3克，鸡粉4克，水淀粉、料酒、芝麻油、食用油各适量

做法

1 香菇洗净切块；金华火腿洗净切薄片；西蓝花洗净切小朵；草鱼肉洗净切薄片。

2 草鱼肉片加盐、鸡粉、水淀粉、油，腌渍。

3 用油起锅，下姜片、蒜末、葱段、火腿、香菇、西蓝花、料酒、盐、鸡粉、水，炒匀。

4 加盖，大火至食材断生后倒入草鱼肉片，续煮一会，倒入水淀粉、芝麻油，拌炒均匀，盛出装盘即可。

扫一扫看视频

4分钟

益智健脑

鲜笋炒生鱼片

原料： 竹笋200克，生鱼肉180克，彩椒40克，姜片、蒜末、葱段各少许

调料： 盐3克，鸡粉5克，水淀粉、料酒、食用油各适量

烹饪小提示

竹笋焯水的时间不要太久，以免过于熟烂，影响其爽脆的口感。

做法

1 竹笋洗净切片；彩椒洗净切小块；生鱼肉洗净切片。

2 将鱼片装入碗中，放入少许盐、鸡粉，倒入适量水淀粉、油，抓匀，腌渍入味。

3 锅中注水烧开，放适量盐、鸡粉，倒入竹笋片，煮至八成熟，捞出。

4 用油起锅，入蒜末、姜片、葱段爆香。

5 倒入彩椒块、鱼片，翻炒片刻，淋入料酒，炒香。

6 放入竹笋片，加入适量盐、鸡粉，倒入适量水淀粉，快速拌炒均匀，盛出装盘即可。

清蒸冬瓜生鱼片

⏱ 16分钟　🧠 清热解毒

扫一扫看视频

原料： 冬瓜400克，生鱼300克，姜片、葱花各少许

调料： 盐2克，鸡粉2克，胡椒粉少许，生粉10克，芝麻油2毫升，蒸鱼豉油适量

做法

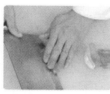

1 将洗净去皮的冬瓜切块，改切片；洗好的生鱼肉去骨，切片。

2 鱼肉片装入碗中，加入盐、鸡粉、姜片、胡椒粉、生粉、芝麻油，拌匀。

3 把调好的鱼肉片摆入碗底，放上冬瓜片，再放上姜片。

4 将装有鱼肉片、冬瓜的碗放入烧开的蒸锅中，用中火蒸至食材熟透。

烹饪小提示

蒸鱼肉时可添加少许蒜末，有利于去腥。

5 取出蒸熟的食材，倒扣入盘里，揭开碗，撒上葱花，浇入蒸鱼豉油即成。

扫一扫看视频

19分钟

提神健脑

酱焗鱼头

原料: 净鱼头850克,蒜薹60克,芹菜55克,豆腐250克,土豆150克,黄豆酱25克,剁椒35克,葱花、蒜末各少许

调料: 盐3克,老抽2毫升,生抽5毫升,料酒8毫升,水淀粉、辣椒油、食用油各适量

烹饪小提示

腌渍鱼头时,料酒可适量多一些,去腥的效果会更佳。

做法

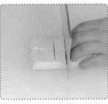

1 豆腐洗净切小方块;土豆去皮洗净切条形;蒜薹洗净切长段;芹菜洗净切段。

2 鱼头放盘中,撒上少许盐,抹匀,再淋入少许料酒,腌渍片刻,去腥待用。

3 用食用油起锅,放入腌渍好的鱼头,用中小火煎出香味,翻转煎至两面断生,盛出待用。

4 用食用油起锅,入蒜末、剁椒、黄豆酱、土豆条、豆腐块、料酒、生抽,炒匀炒透。

5 另起油锅,倒入鱼头和前锅中材料,加入水、盐、老抽,煮沸后续煮约10分钟。

6 倒入蒜薹段、芹菜段,续煮5分钟,收汁,倒入水淀粉、辣椒油,盛出撒上葱花即成。

扫一扫看视频

银丝鲫鱼

⏱ 14分钟　🍲 健脾止泻

原料： 鲫鱼800克，去皮白萝卜200克，红彩椒20克，姜丝、葱段、香菜各少许

调料： 盐3克，鸡粉、胡椒粉各1克，料酒15毫升，食用油适量

做法

1 白萝卜、红彩椒洗净切丝。

2 净鲫鱼两面鱼身上切一字花刀，装盘，往两面撒盐，抹匀，再淋上料酒，腌渍至去腥。

3 热锅注油，下鲫鱼，煎1分钟，倒入姜丝、料酒、清水、白萝卜丝拌匀。

4 加盖，煮开后转小火续煮10分钟至熟软入味，揭盖，加入红彩椒丝、盐、鸡粉、胡椒粉、葱段，拌匀，关火后盛出，放上香菜即可。

扫一扫看视频

银鱼干炒苋菜

⏱ 3分钟　🍲 降低血压

原料： 苋菜200克，水发银鱼干60克，彩椒45克，蒜末少许

调料： 盐、鸡粉各2克，料酒4毫升，食用油适量

做法

1 将洗净的彩椒切成粗丝；洗好的苋菜切成小段。

2 用油起锅，爆香蒜末，倒入洗净的银鱼干，再放入彩椒丝，快速翻炒。

3 淋入少许料酒提鲜，倒入切好的苋菜段，翻炒片刻，至其变软。

4 转小火，加入适量盐、鸡粉，翻炒至食材入味，关火后盛出，将菜肴装入盘中即成。

韭菜炒墨鱼仔

⏱ 3分钟　　降低血压

原料：韭菜200克，墨鱼100克，彩椒40克，姜片、蒜末各少许
调料：盐3克，鸡粉2克，五香粉少许，料酒10毫升，水淀粉、食用油各适量

扫一扫看视频

做法

1 韭菜洗净切段；彩椒洗净切成粗丝；墨鱼洗净切开，切上花刀，改切成小块。

2 锅中注水烧开，淋入少许料酒，倒入墨鱼块，煮约半分钟，捞出，沥干水分。

3 用油起锅，爆香姜片、蒜末，倒入墨鱼块、彩椒丝、料酒，炒匀、炒透。

4 倒入韭菜段，炒至断生，加入盐、鸡粉、五香粉、水淀粉，炒至入味，盛出即成。

荷兰豆百合炒墨鱼

⏱ 3分钟　　☁ 生津止渴

扫一扫看视频

原料： 墨鱼400克，百合90克，荷兰豆150克，姜片、葱段、蒜片各少许

调料： 盐3克，鸡粉2克，白糖3克，料酒5毫升，水淀粉4毫升，芝麻油3毫升，食用油适量

做法

1 荷兰豆洗净，两头修齐；处理好的墨鱼须切段，身子片成片。

2 荷兰豆、百合加食用油、盐汆煮至断生捞出；墨鱼汆去杂质捞出。

3 用食用油起锅，下姜片、葱段、蒜片、墨鱼、料酒、荷兰豆、百合、盐、白糖、鸡粉。

4 淋入水淀粉、芝麻油，翻炒收汁，关火后盛出，装盘即可。

扫一扫看视频

金针菇炒墨鱼

3分钟　提神健脑

原料： 墨鱼300克，金针菇200克，红椒丝、姜片、蒜末、葱白各少许
调料： 盐4克，鸡粉2克，味精、料酒、水淀粉、食用油各适量

做法

1 洗净的金针菇切去根部；洗净的墨鱼剥去外皮，切成丝。

2 墨鱼丝装碗，加入少许盐、味精、料酒拌匀，腌渍入味。

3 锅中注水烧开，倒入墨鱼丝，汆烫片刻，捞出沥干水分，装在碗中待用。

4 用油起锅，入红椒丝、姜片、蒜末、葱白、墨鱼、料酒、金针菇，翻炒1分钟。

烹饪小提示

金针菇易熟，所以炒制时间不应过长，否则出水过多，会影响口感。

5 转小火，加盐、鸡粉，炒匀调味，加少许水淀粉勾芡，翻炒均匀，盛出即可。

芦笋炒虾仁

⏱ 3分钟　🧠 防癌抗癌

扫一扫看视频

原料： 芦笋250克，虾仁50克，红椒15克，姜片、蒜末、葱白各少许
调料： 盐3克，鸡粉3克，水淀粉10毫升，料酒3毫升，食用油适量

做法

1 芦笋去皮洗净切段；红椒洗净去籽，切小块；虾仁洗净，由背部切开，剔除虾线。

2 虾仁装入碗中，加少许盐、鸡粉抓匀，再倒入少许水淀粉，抓匀，腌渍入味。

3 芦笋段、红椒块加油、盐焯煮约1分钟捞出；虾仁汆至转色捞出。

4 姜片、蒜末、葱白、芦笋段、红椒块，虾仁、料酒、盐、鸡粉、水淀粉入油锅炒匀即可。

扫一扫看视频

糯米鲜虾丸

🕐 20分钟　　☁ 益气补血

原料： 虾仁200克，糯米200克，蛋清少许
调料： 盐、鸡粉、生粉各适量

做法

1 虾仁洗净剁泥，加盐、鸡粉、蛋清、生粉搅匀。

2 洗好的糯米撒上少许生粉，加入少许盐，拌匀备用。

3 将虾泥做成虾丸后裹上糯米，放入盘中。

4 将盘子放入蒸锅，盖上锅盖，蒸约15分钟至熟透取出，摆放好即可。

青豆玉米炒虾仁

⏱ 5分钟　🍚 开胃消食

扫一扫看视频

原料： 青豆80克，玉米粒100克，虾仁15个，蒜末、姜片各适量
调料： 盐3克，鸡粉2克，料酒、水淀粉各5毫升，食用油10毫升

做法

1 备一玻璃碗，放入洗净的虾仁，加料酒、盐、水淀粉，拌匀，腌渍入味。

2 锅中注水烧开，倒入洗好的青豆、玉米粒，焯煮至食材断生捞出，装盘。

3 用油起锅，爆香蒜末、姜片，放入虾仁，翻炒片刻，加入料酒，炒匀至转色。

4 倒入玉米粒、青豆，炒约2分钟，加盐、鸡粉，炒匀，用水淀粉勾芡，盛出即可。

扫一扫看视频

荷兰豆炒虾仁

🕐 4分钟　　🍲 防癌抗癌

原料： 荷兰豆300克，虾仁70克，姜片、蒜片、胡萝卜片、葱段各少许

调料： 盐3克，鸡粉4克，味精2克，水淀粉10毫升，料酒、食用油各适量

做法

1 虾仁洗净将背部切开，加盐、鸡粉、水淀粉拌匀，加少许食用油，腌渍入味。

2 锅中加约500毫升清水烧开，倒入荷兰豆拌匀，煮约1分钟后捞出，备用。

3 热锅注油，烧至四成热，倒入虾仁拌匀，滑油至起红色捞出。

4 胡萝卜片、姜片、蒜片、葱段、荷兰豆、虾仁、盐、味精、鸡粉、料酒、水淀粉、熟油入油锅炒匀。

虾仁扒油菜

⏱ 3分钟　🍵 清热解毒

原料： 上海青200克，红椒15克，虾仁100克，姜片、蒜末、葱白各少许

调料： 盐6克，鸡粉3克，水淀粉7毫升，料酒、食用油各适量

> **做法**

1. 上海青洗净切开，修齐；红椒洗净去籽，切小块；净虾仁由背部切开，去虾线，加盐、鸡粉、水淀粉，抓匀，加入油，腌渍入味。
2. 上海青加油、盐焯煮1分钟捞出，备用。
3. 用食用油起锅，爆香红椒块、姜片、蒜末、葱白，倒入虾仁、料酒、水、盐、鸡粉，炒匀。
4. 倒入适量水淀粉，快速炒匀；将上海青夹入盘中，摆好，把虾仁盛放在上海青上即可。

白灼濑尿虾

⏱ 6分钟　🍵 增强免疫

原料： 濑尿虾350克，姜丝30克，红椒丝10克，葱段30克

调料： 盐5克，鸡粉7克，料酒10毫升，蒸鱼豉油、胡椒粉、食用油各适量

> **做法**

1. 濑尿虾加盐、鸡粉、料酒煮至虾身弯曲。
2. 放入部分姜丝、部分红椒丝，拌匀煮沸，倒入葱段、油，转中火煮至虾肉熟透，捞出。
3. 用油起锅，注入少许清水，倒入适量蒸鱼豉油，加入鸡粉，撒上少许胡椒粉，拌匀。
4. 放入余下的姜丝和红椒丝，拌匀，煮至沸，制成味汁，盛在小碟中即可。

扫一扫看视频

白灼基围虾

⏱ 4分钟　　👄 增强免疫

原料： 基围虾250克，生姜35克，红椒20克，香菜少许
调料： 盐3克，料酒30毫升，豉油30毫升，鸡粉、白糖、芝麻油、食用油各适量

做法

1 去皮洗净的生姜部分切片，部分切丝；红椒洗净去籽，切丝；基围虾、香菜洗净。

2 锅中注水烧开，加入料酒、盐、鸡粉、姜片、基围虾，煮熟后捞出，放上香菜。

3 用油起锅，加水、豉油、姜丝、红椒丝、白糖、鸡粉、芝麻油煮沸，制成味汁。

4 将制好的味汁盛入味碟中，将煮好的基围虾蘸上味汁即可。

豉油皇焗虾 ⏱ 4分钟 🍲 益气补血

原料：基围虾500克，香菜少许
调料：白糖3克，鸡粉3克，豉油30毫升，芝麻油、食用油各适量

扫一扫看视频

做法

1 热锅中注油，烧至六成热，倒入处理干净的基围虾，炸约2分钟至熟，捞出。

2 用食用油起锅，加入清水，放入豉油、鸡粉、白糖拌匀，煮沸，制成豉油皇。

3 倒入基围虾，翻炒入味，加入适量芝麻油，翻炒至入味。

4 盛出炒好的基围虾，装入盘中摆好，再用香菜装饰即可。

扫一扫看视频

豉油皇炒濑尿虾

🕐 3分钟　　清热解毒

原料：豉油皇10毫升，濑尿虾300克，红椒丁5克，葱花2克

调料：食用油适量

做法

1 锅中注水烧开，倒入洗净的濑尿虾，略煮至变红后捞出，装入盘中备用。

2 锅中注油，烧至七成热，倒入濑尿虾，略炸片刻后捞出，沥干油，装盘备用。

3 锅置火上，倒入红椒丁、豉油皇，放入濑尿虾，炒约1分钟至其入味。

4 关火后盛出炒好的虾，装入盘中，撒上葱花即可。

沙茶炒濑尿虾

⏱ 4分钟　🍖 增强免疫

扫一扫看视频

原料：濑尿虾400克，沙茶酱10克，红椒丁10克，洋葱丁、青椒丁、葱白丁各10克

调料：鸡粉2克，料酒、生抽各4毫升，蚝油、食用油各适量

做法

1 热锅注油，烧至七成热，倒入处理好的濑尿虾，炸至变色后捞出，沥干油，备用。

2 用油起锅，倒入红椒粒、青椒粒、洋葱粒、葱白粒、沙茶酱，炒匀。

3 放入炸好的虾，翻炒约2分钟至食材熟软，加入鸡粉、料酒、生抽、蚝油。

4 炒匀调味，关火后盛出炒好的菜肴，装入盘中即可。

蟹黄虾盅

⏱ 13分钟　🤲 增强免疫

原料： 虾仁100克，肥膘肉35克，蟹黄、蟹肉各30克，西蓝花80克，菠菜20克

调料： 蛋清、盐、鸡粉、胡椒粉、水淀粉、食用油各适量

做法

1 菠菜叶洗净切小片；西蓝花切小朵；虾仁去虾线，取部分虾仁拍烂剁碎，加入肥膘肉泥、盐、胡椒粉、蛋清搅拌至起浆，制成肉泥。

2 取杯，杯内抹油，放菠菜片、蟹黄、蟹肉、肉泥，抹上蛋清，蒸3分钟，用牙签取出成虾盅。

3 西蓝花小朵加油、盐、鸡粉焯熟；虾仁余熟。

4 摆好盘，热锅注油，加水、盐、水淀粉，制成稠汁淋入虾盅、西蓝花小朵上即成。

扫一扫看视频

蒜蓉蒸带子

⏱ 5分钟　🤲 益气补血

原料： 带子400克，蒜蓉50克，葱花少许

调料： 生抽5毫升，盐3克，鸡粉、生粉各2克，芝麻油、食用油各适量

做法

1 带子洗净敲开，去除内脏，留肉，带子壳修剪形状，在带子肉上打上十字花刀。

2 用油起锅，倒入一半的蒜蓉，炸约半分钟，捞出，盛放在装有另一半蒜蓉的小碗中。

3 小碗中加入热油、生抽、盐、鸡粉、芝麻油、生粉，拌匀成味汁，将蒜蓉汁倒在带子肉上。

4 蒸锅上火，用大火煮沸，放入装有带子的盘子，加盖，用大火蒸约3分钟至食材熟透，取出撒上葱花，浇上少许热油即成。

扫一扫看视频

6分钟

益气补血

扫一扫看视频

莴笋焖泥鳅

原料： 莴笋100克，泥鳅200克，姜片、蒜末、葱白各少许

调料： 面粉15克，盐2克，鸡粉3克，生抽4毫升，老抽2毫升，蚝油5克，水淀粉、食用油各适量

烹饪小提示

制作此菜肴时，加入少许芝麻油，可以使菜品味道更加鲜香。

做法

1 莴笋去皮洗净切成4厘米的长段，再切成厚片，改切成条。

2 在处理好的泥鳅上撒上面粉，待油温烧至六成热时，放入泥鳅，小火炸2分钟。

3 用食用油起锅，爆香蒜末、姜片、葱白，倒入莴笋段，翻炒片刻。

4 加入适量盐、鸡粉、生抽、老抽、蚝油，拌炒匀。

5 倒入炸好的泥鳅，注入适量清水，盖上锅盖，小火焖2分钟至入味。

6 揭盖，用大火收汁，倒入少许水淀粉，快速炒匀勾芡，关火盛出，装入盘中即成。

扫一扫看视频

扫一扫看视频

扇贝拌菠菜

🕐 3分钟　🥗 降低血压

原料： 扇贝600克，菠菜180克，彩椒40克

调料： 盐3克，鸡粉3克，生抽10毫升，芝麻油、食用油各适量

做法

1 洗净的扇贝煮至壳开后捞出，去除壳和内脏，留肉切开；菠菜洗净去根，切段；彩椒洗净切丝。

2 菠菜段、彩椒丝加食用油焯煮至断生捞出。

3 沸水锅中再放入扇贝肉，搅匀，用大火至其熟软后捞出，沥干，待用。

4 菠菜段、彩椒丝装碗，倒入扇贝肉，加入盐、鸡粉，淋入生抽、芝麻油，拌至入味，装盘即可。

蒜蓉粉丝蒸扇贝

🕐 7分钟　🥗 增强免疫

原料： 扇贝300克，水发粉丝100克，蒜蓉30克，葱花少许

调料： 盐、鸡粉、生抽、食用油各适量

做法

1 粉丝洗净，切段；扇贝洗净，对半切开，将切开的扇贝清洗干净，撒上粉丝，装盘待用。

2 用食用油起锅，倒入蒜蓉，炸至金黄色，盛入碗中，加入盐、鸡粉，拌匀，浇在扇贝、粉丝上。

3 将装有扇贝的盘放入蒸锅，中火蒸约5分钟至扇贝、粉丝熟透。

4 取出蒸好的粉丝扇贝，趁热撒入葱花，淋入少许生抽，浇上热油即成。

扇贝肉炒芦笋

⏱ 3分钟　🍚 开胃消食

扫一扫看视频

原料： 芦笋95克，红椒40克，扇贝肉145克，红葱头55克，蒜末少许

调料： 盐2克，鸡粉1克，胡椒粉2克，水淀粉、花椒油各5毫升，料酒10毫升，食用油适量

做法

1 芦笋洗净切段；红椒洗净切小丁；红葱头洗净切片。

2 沸水锅中加盐、食用油，搅匀，倒入芦笋段，焯煮至断生捞出，沥干水分。

3 蒜末、红葱头、扇贝肉、料酒、芦笋段、红椒丁、盐、鸡粉、胡椒粉入油锅炒匀。

4 加入水淀粉，注入少许清水，稍煮片刻至收汁，淋入花椒油，炒至入味即可。

鲜香蒸扇贝

⏱ 10分钟　🥗 养颜美容

原料： 扇贝6个，洋葱丁20克，红椒丁10克，蒜末10克，葱花5克

调料： 蒸鱼豉油8毫升，食用油适量

做法

1 用油起锅，倒入洋葱丁、蒜末、红椒丁，爆香约1分钟。

2 将爆香好的食材逐一放在洗净的扇贝上。

3 备好已烧开水的电蒸锅，放入扇贝，加盖，调好时间旋钮，蒸8分钟至熟。

4 揭盖，取出蒸好的扇贝，逐一淋入蒸鱼豉油，撒上葱花即可。

扫一扫看视频

焗烤扇贝

⏱ 16分钟　🥗 美容养颜

原料： 扇贝160克，奶酪碎65克，蒜末少许

调料： 盐1克，料酒5毫升，食用油适量

做法

1 洗净的扇贝肉上撒入盐，淋入料酒，加上奶酪碎，放上蒜末，淋入食用油。

2 备好烤箱，取出烤盘，放上扇贝，将烤盘放入烤箱。

3 关好箱门，将上火温度调至200℃，选择"双管发热"功能，再将下火温度调至200℃。

4 烤15分钟至扇贝熟透，打开箱门，取出烤盘，将烤好的扇贝装盘即可。

扫一扫看视频

姜汁干贝蒸冬瓜

🕐 14分钟 🍃 瘦身辟寿

扫一扫看视频

原料： 去皮冬瓜260克，水发干贝15克，姜丝6克
调料： 盐2克，水淀粉10毫升，芝麻油适量

做法

1 冬瓜切片，沿盘子边缘摆一圈，多余的冬瓜片放在中间。

2 均匀地撒上盐，放上姜丝、捏碎的干贝。

3 备好已注水烧开的电蒸锅，放入食材，加盖，调好时间旋钮，蒸10分钟至熟。

4 锅置火上，倒入泡过干贝的汁水，烧开后倒入芝麻油、水淀粉，浇在冬瓜片上即成。

扫一扫看视频

蒜蓉干贝蒸丝瓜

5分钟　提神健脑

原料： 丝瓜200克，干贝30克，蒜蓉40克，葱花少许
调料： 盐、鸡粉、生抽、食用油各适量

做法

1 将洗净的干贝拍碎；已去皮洗净的丝瓜切棋子形块，装入盘中，摆好。

2 用食用油起锅，倒入干贝，煸香，加入蒜蓉，炒香，放入适量盐、鸡粉、生抽。

3 快速炒匀调味，将炒香的食材盛出，浇在备好的丝瓜块上。

4 丝瓜块转到蒸锅，蒸3分钟至熟透，取出，撒上备好的葱花，浇上熟油即成。

干贝虾米炒丝瓜

⏱ 2分钟　☁ 增强免疫

 扫一扫看视频

原料： 干贝10克，虾米30克，丝瓜250克，姜片、蒜末、葱段各少许
调料： 盐2克，鸡粉少许，米酒4毫升，黑芝麻油3毫升，水淀粉、食用油各适量

做法

1 将去皮洗净的丝瓜对半切开，分成条形，再用斜刀改切成小块，放在盘中待用。

2 用油起锅，下姜片、蒜末、葱段爆香，倒入洗净的虾米、干贝，翻炒出鲜味。

3 淋入米酒，炒匀提鲜，放入丝瓜块，翻炒至丝瓜块颜色变深，注水，炒至食材熟软。

4 加入盐、鸡粉，炒匀调味，倒入少许水淀粉、黑芝麻油，炒匀、炒透即成。

干贝蒸水蛋

🕐 12分钟　🍲 增强免疫

原料： 水发干贝20克，鸡蛋3个，生姜片15克，葱条5克，葱花少许

调料： 盐、味精、料酒、胡椒粉、香油、食用油各适量

做法

扫一扫看视频

1 水发干贝加入生姜片、葱条、料酒，放入蒸锅蒸15分钟，待冷却后，用刀压碎备用。

2 鸡蛋打入碗内，加适量盐、味精打散，加少许胡椒粉、香油，淋入适量温水调匀。

3 将蛋液放入蒸锅，加盖蒸8～10分钟。

4 热锅注油，倒入干贝略炸，捞出，取出蒸熟的蛋液，撒上炸好的干贝和少许葱花，最后浇上少许热油即成。

韭菜炒蚬肉

🕐 2分钟　🍲 降低血压

原料： 韭菜100克，彩椒40克，蛤蜊肉80克

调料： 盐2克，鸡粉2克，生抽3毫升，食用油适量

做法

扫一扫看视频

1 洗净的韭菜切成段；洗好的彩椒切成条。

2 锅中注入适量食用油烧热，倒入切好的彩椒条、韭菜段，放入洗净的蛤蜊肉。

3 加入盐、鸡粉，淋入生抽。

4 快速翻炒一会儿，至食材入味，盛出，装盘即可。

XO酱炒海参

🕐 3分钟　🍲 防癌抗癌

扫一扫看视频

原料： 水发海参200克，西蓝花100克，蒜苗50克，XO酱25克，红椒15克，姜片、蒜末、葱白各少许

调料： 鸡粉、料酒、盐、生抽、老抽、水淀粉、食用油各适量

做法

1 西蓝花洗净切小朵；蒜苗洗净切段；红椒洗净去籽，改切小块；海参洗净切片。

2 锅中水烧开，加油、西蓝花焯水捞出，加鸡粉、料酒、海参片汆水捞出。

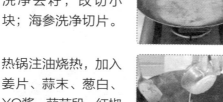

3 热锅注油烧热，加入姜片、蒜末、葱白、XO酱、蒜苗段、红椒块、海参片、料酒、盐、鸡粉，炒匀。

4 倒入生抽、老抽炒匀，倒入水淀粉勾芡，盛在摆入盘中的西蓝花小朵上即可。

扫一扫看视频

3分钟

美容养颜

韭黄炒牡蛎

原料： 牡蛎肉400克，韭黄200克，彩椒50克，姜片、蒜末、葱花各少许

调料： 生粉15克，生抽8毫升，鸡粉、盐、料酒、食用油各适量

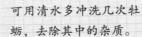

烹饪小提示

可用清水多冲洗几次牡蛎，去除其中的杂质。

做法

1 洗净的韭黄切段；洗好的彩椒切条，装入盘中，备用。

2 把洗净的牡蛎肉装入碗中，加入适量料酒、鸡粉、盐、生粉，搅拌均匀。

3 锅中注水烧开，倒入牡蛎肉，搅拌匀，略煮片刻捞出，沥干水分，待用。

4 热锅注油烧热，爆香姜片、蒜末、葱花，倒入牡蛎肉，炒匀。

5 淋入生抽，炒匀，再倒入适量料酒，炒匀提味。

6 放入彩椒条、韭黄段，翻炒均匀，加少许鸡粉、盐，炒匀调味，关火后盛出即可。

生蚝茼蒿炖豆腐

⏱ 5分钟　　💪 降低血压

扫一扫看视频

原料： 豆腐200克，茼蒿100克，生蚝肉90克，姜片、葱段各少许

调料： 盐3克，鸡粉2克，老抽2毫升，料酒4毫升，生抽5毫升，水淀粉、食用油各适量

做法

 **1** 茼蒿洗净切段；豆腐洗净切小方块，豆腐块加盐焯水约半分钟，捞出待用。

 **2** 沸水锅中再倒入洗净的生蚝肉，搅匀，煮约1分钟，捞出。

 **3** 用食用油起锅，入姜片、葱段、生蚝肉、料酒、茼蒿段、豆腐块，炒匀、炒香。

 **4** 加盐、老抽、生抽、鸡粉，拌匀，转中火炖煮约2分钟，倒入水淀粉勾芡即成。

扫一扫看视频

脆炸生蚝

🕐 4分钟　　🫓 降低血脂

原料： 发粉250克，生蚝肉120克
调料： 盐2克，料酒6毫升，生粉、食用油各适量

做法

1 发粉加入少许清水，调成面浆，加入适量食用油，静置，用筷子将面浆调匀。

2 锅中注水烧开，放入洗净的生蚝肉，煮沸，加入盐、料酒，煮1分钟，捞出。

3 将沥干水分的生蚝肉裹上生粉，装入盘中，备用。

4 热锅中注油，把生蚝肉裹上面浆，放入油锅中，炸2分钟，捞出放入锡纸杯即可。

3分钟

降压降糖

姜葱生蚝

原料： 生蚝肉180克，彩椒片、红椒片各35克，姜片30克，蒜末、葱段各少许

调料： 盐3克，鸡粉2克，白糖3克，生粉10克，老抽2毫升，料酒4毫升，生抽5毫升，水淀粉、食用油各适量

烹饪小提示

滚在生蚝上的生粉要均匀一些，这样炸好的成品口感才好。

做法

1 锅中注入适量清水烧开，放入处理干净的生蚝肉，搅拌匀，汆煮片刻，捞出。

2 将汆煮好的生蚝肉装入碗中，淋上少许生抽，拌匀，再滚上适量生粉，腌渍入味。

3 热锅注油，烧至五成热，放入腌渍好的生蚝肉，拌匀，炸至呈微黄色，捞出待用。

4 锅底留油，放入姜片、蒜末、红椒片、彩椒片、生蚝肉、葱段、料酒。

5 加入适量老抽、生抽，放入少许盐、鸡粉、白糖，炒匀。

6 倒入适量水淀粉，翻炒匀，至食材熟透、入味，关火后盛出，装入盘中即成。

扫一扫看视频

丝瓜炒蛤蜊

⏱ 3分钟　🍳 降低血脂

原料： 蛤蜊170克，丝瓜90克，彩椒40克，姜片、蒜末、葱段各少许

调料： 豆瓣酱15克，盐、鸡粉各2克，生抽2毫升，料酒4毫升，水淀粉、食用油各适量

做法

1 蛤蜊洗净对半切开，去除内脏，置水中洗净；丝瓜去皮切块；彩椒洗净切小块。

2 锅中注水烧开，放入洗净的蛤蜊，搅匀，再煮约半分钟，捞出待用。

3 用油起锅，放姜片、蒜末、葱段爆香，倒入彩椒块、丝瓜块、蛤蜊、料酒，炒匀。

4 放入豆瓣酱、鸡粉、盐、水、生抽，煮至食材熟透，待收汁时，倒入水淀粉即成。

扫一扫看视频

扫一扫看视频

蛤蜊蒸蛋

🕐 14分钟　😋 降低血压

原料：鸡蛋2个，蛤蜊肉90克，姜丝、葱花各少许

调料：盐1克，料酒2毫升，生抽7毫升，芝麻油2毫升

做法

1 将氽过水的蛤蜊肉装入碗中，放入姜丝、料酒、生抽、芝麻油，搅拌匀。

2 鸡蛋打入碗中，加入少许盐，打散调匀，倒入少许清水，搅拌片刻，把蛋液倒入碗中，放入烧开的蒸锅中。

3 盖上盖，用小火蒸10分钟，揭开盖，在蒸熟的鸡蛋上放上蛤蜊肉，再盖上盖，用小火蒸2分钟。

4 揭开盖，把蒸好的蛤蜊鸡蛋取出，淋入少许生抽，撒上葱花即可。

白酒蒸蛤蜊

🕐 8分钟　😋 增强免疫

原料：蛤蜊260克，白酒50毫升，葱花5克，小辣椒圈、蒜片、姜片各5克

调料：食用油15毫升，盐3克

做法

1 用油起锅，倒入蒜片、姜片、小辣椒圈，爆香。

2 倒入处理好的蛤蜊，翻炒约2分钟至入味，关火后盛出炒好的蛤蜊，装入盘中。

3 倒入白酒，加入盐，搅拌均匀待用。

4 取电蒸锅，注入适量清水烧开，放入蛤蜊，盖上盖，将时间调至5分钟，揭盖取出，撒上葱花即可。

扫一扫看视频

酱汁花蛤

⏱ 7分钟　🫃 开胃消食

原料： 花蛤900克，姜末、蒜末、葱花、朝天椒各少许，海鲜酱10克

调料： 盐3克，白糖2克，蚝油5克，生抽、料酒各5毫升，食用油适量

做法

1 取一碗水，放入花蛤、盐，拌匀，浸泡至花蛤吐出脏污，捞出，待用。

2 葱花、姜末、蒜末、朝天椒、海鲜酱、蚝油、料酒、生抽、白糖、水、油调成酱。

3 锅置火上，放入花蛤，加盖，用中火焖4分钟至水分蒸发，均匀淋入酱汁。

4 加盖，用大火焖2分钟至入味，揭盖，关火后盛出焖好的花蛤，装盘即可。

豉汁蒸蛤蜊

🕐 *10分钟*　🍽 *增强免疫*

原料： 蛤蜊500克，豆豉30克，朝天椒30克，葱花、姜末各少许

调料： 料酒4毫升，盐2克，鸡粉2克，食用油适量

> **做法**

1 锅中注水大火烧开，倒入蛤蜊，氽煮片刻去除污物，将蛤蜊捞出装盘待用。

2 取一个碗，倒入豆豉、姜末、朝天椒，放入料酒、盐、鸡粉、食用油，拌匀，调成酱汁，浇在蛤蜊上。

3 蒸锅注水烧开，放入装蛤蜊的盘子，盖上锅盖，大火蒸8分钟至入味。

4 掀开锅盖，将蛤蜊盘取出，撒上葱花即可。

XO酱爆蛏子

🕐 *4分钟*　🍽 *清热解毒*

原料： 蛏子1000克，青椒、红椒各15克，洋葱30克，XO酱20克，姜片、蒜末、葱白各少许

调料： 盐3克，鸡粉1克，白糖3克，辣椒酱10克，老抽2毫升，生抽3毫升，料酒、水淀粉、食用油各适量

> **做法**

1 洋葱去皮洗净切块；红椒、青椒洗净切圈。

2 锅中注水，用大火烧开，倒入蛏子，煮至壳开，捞出，盛入盆中，加水洗净。

3 用油起锅，入姜片、蒜末、葱白、青椒圈、红椒圈、洋葱、XO酱、蛏子、料酒，炒匀。

4 加入辣椒酱、盐、鸡粉、白糖，炒匀调味，加入清水、老抽、生抽，炒匀调味，大火收汁，加水淀粉，炒匀调味后盛出即可。

扫一扫看视频

扫一扫看视频

清蒸蛏子

🕐 5分钟　　😋 清热解毒

原料： 蛏子300克，姜丝、葱花各少许
调料： 生抽5毫升，盐2克，鸡粉1克，食用油适量

做法

1 将蛏子清理掉脏物，用清水洗净，将洗好的蛏子摆入盘中。

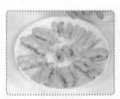

2 撒上盐、鸡粉，再放上少许姜丝。

3 把蛏子放入烧开的蒸锅中，盖上盖，大火蒸3分钟。

4 把蒸好的蛏子取出，淋上少许生抽。

烹饪小提示

蛏子在烹饪前浸泡在盐水中2~3小时，盐要多放一点，这样能使蛏子吐出泥沙。

5 均匀地撒上葱花，浇上少许热油即可。

蒜蓉粉丝蒸蛏子

⏱ 5分钟　🍽 开胃消食

扫一扫看视频

原料： 蛏子300克，水发粉丝100克，蒜蓉30克，葱花少许
调料： 味精、盐、生抽、食用油各适量

做法

1 将洗净的粉丝切成段；蛏子处理好后摆入盘中，将粉丝摆放在蛏子上。

2 用食用油起锅，倒入部分蒜蓉，炒至金黄色，再倒入剩余蒜蓉、盐、味精、生抽炒匀。

3 蒜蓉盛在粉丝上，再将摆放蛏子的盘放入蒸锅，加盖，大火蒸约3分钟至熟。

4 揭开锅盖，取出蒸好的蛏子，撒上葱花，浇上烧热的食用油，装盘即可食用。

扫一扫看视频

蛏子炒芹菜

🕐 3分钟　🍽 开胃消食

原料： 蛏子350克，芹菜100克，红椒40克，姜片、蒜末、葱段各少许
调料： 盐2克，鸡粉2克，料酒4毫升，蚝油、老抽、水淀粉、食用油各适量

做法

1 将洗净的芹菜切段；洗好的红椒切开，去籽，切成丝。

3 蛏子放入碗中，倒入适量清水，把蛏子清洗干净，装盘待用。

烹饪小提示

芹菜若有老筋，要撕去，以免影响口感。

2 锅中注水烧开，倒入蛏子，余煮半分钟，去除杂质，捞出。

4 用油起锅，入姜片、蒜末、葱段、芹菜段、红椒丝、蛏子、料酒，炒匀、炒香。

5 加入盐、鸡粉、蚝油、老抽，炒匀调味，倒入水淀粉，炒匀，盛出即可。

PART 06 粤菜拾遗，风味长存

谈到粤菜，除了常见地道的素菜、肉菜、禽蛋菜及海鲜，自然也少不了各种滋补养身的汤煲、鲜香诱人的主食和做法精致的小吃。旅途的终点，让我们一同了解粤菜中的特色美食吧！

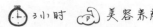

寄生通草煲猪蹄

⏱ 3小时　🍲 美容养颜

原料： 猪蹄400克，桑寄生15克，通草10克，王不留行10克，姜片少许
调料： 料酒5毫升，盐2克

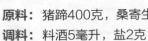

做法

1 锅中注水大火烧开，倒入猪蹄，淋入料酒，氽煮去杂质，捞出待用。

2 砂锅中注入适量的清水大火烧热，倒入猪蹄、桑寄生、通草、姜片。

3 再倒入王不留行，搅拌匀，盖上锅盖，大火煮开后转小火煮3个小时。

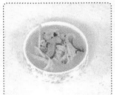

4 掀开锅盖，加入盐，搅匀调味，关火，盛出即可。

芥菜干贝煲猪肚

⏱ 135分钟　🍽 开胃消食

扫一扫看视频

原料： 猪肚250克，芥菜200克，水发干贝30克，姜片少许
调料： 盐2克

做法

1 锅中注水烧开，倒入洗净的猪肚，略煮后捞出，晾凉切粗条；芥菜洗净切段。

2 砂锅中注入适量清水烧热，倒入猪肚条，放入泡发好的干贝，撒上姜片。

3 加盖，烧开后转小火煮约130分钟，至食材熟透，倒入芥菜段，拌匀，煮至断生。

4 加入盐，拌匀，改中火略煮，至汤汁入味，盛出即可。

扫一扫看视频

药膳乌鸡汤

🕐 65分钟　　🍲 益气补血

原料： 乌鸡300克，姜片3克，党参5克，当归3克，莲子5克，山药4克，百合7克，薏米7克，杏仁6克，黄芪4克

调料： 盐、鸡粉、味精、料酒各适量

做法

1 乌鸡洗净斩成块。

2 锅中注水，放入乌鸡块煮开，捞去浮沫，再将鸡块捞出，装入盘中备用。

3 用食用油起锅，倒入备好的姜片，再倒入乌鸡块，淋入少许料酒炒匀。

4 注水，加入洗好的党参、当归、莲子、山药、百合、薏米、杏仁、黄芪，拌匀。

烹饪小提示

炖汤时，汤面上的浮沫应用勺子捞去，这样不但可以去腥还能使汤味更纯正。

5 加盖，用慢火焖1小时，揭盖，加入盐、鸡粉、味精，拌匀调味，盛出即可。

虫草花鸡汤

🕐 70分钟　　🥄 增强免疫力

扫一扫看视频

原料： 虫草花30克，鸡肉400克，姜片少许
调料： 盐、料酒、鸡粉、味精、高汤各适量

做法

1 将洗净的鸡肉斩块。

2 锅中注入适量清水，放入鸡块，煮开后撇去浮沫，捞出鸡块，过凉水后装入盘中。

3 另起锅，倒入适量高汤，加入料酒、鸡粉、盐、味精，搅匀调味并烧开。

4 鸡块、姜片、虫草花、调好味的高汤倒入盅内，加盖，炖锅加水，放入炖盅，加盖炖1小时即可。

扫一扫看视频

🕐 200分钟

健脾止泻

山药芡实老鸽汤

原料： 芡实50克，老鸽肉200克，山药块200克，桂圆肉、枸杞各少许，高汤适量

调料： 盐2克

烹饪小提示

山药块可以切得稍微大一些，这样不易煮烂。

做法

1 锅中注入适量清水烧开，放入洗净的鸽子肉，搅拌匀。

2 煮5分钟，搅拌匀，氽去血水，从锅中捞出鸽肉后过冷水，盛入盘中备用。

3 砂锅中注入适量高汤烧开，放入鸽子肉，加入山药块、芡实，搅拌匀。

4 盖上锅盖，调至大火，煮开后调至中火，煮3小时至食材熟透。

5 揭开锅盖，加入少许桂圆肉、枸杞，加入盐，搅拌均匀，至食材入味。

6 盖上锅盖，煮10分钟，揭开锅盖，将煮好的汤料盛出即可。

扫一扫看视频

红枣山药排骨汤

🕐 73分钟　🥘 开胃消食

原料： 山药185克，排骨200克，红枣35克，蒜头30克，水发枸杞15克，姜片、葱花各少许

调料： 盐2克，鸡粉2克，料酒6毫升，食用油适量

做法

1 洗净去皮的山药切粗条，改切滚刀块。

2 锅中注水烧开，倒入排骨汆煮片刻捞出。

3 姜片、蒜头入锅爆香，加排骨、料酒，加清水至没过食材，拌匀，倒入山药、红枣，搅拌匀，加盖，大火煮开后转小火炖1个小时。

4 揭盖，倒入枸杞，搅拌匀，大火再炖10分钟，加入盐、鸡粉，翻炒调味，盛出，撒上葱花即可。

扫一扫看视频

芥菜瑶柱煲猪肚汤

🕐 75分钟　🥘 开胃消食

原料： 芥菜250克，瑶柱20克，猪肚200克，姜片少许，高汤适量

调料： 盐2克，料酒少许

做法

1 芥菜洗净切块；锅中注水烧开，倒入洗净切好的猪肚条，煮去血水，捞出。

2 砂锅中注入适量高汤烧开，放入猪肚肚条、瑶柱、姜片，搅拌均匀，盖上盖，用大火烧开后转小火炖约40分钟。

3 揭开盖，淋入适量料酒，再盖上盖，煮约2分钟，揭开盖，倒入切好的芥菜块。

4 盖上盖，用小火续煮约30分钟至食材熟透，搅拌匀，加盐，搅拌均匀至食材入味，关火后盛出即可。

扫一扫看视频

红枣枸杞炖鹌鹑

🕐 122分钟　🥘 安神助眠

原料： 鹌鹑肉270克，高汤400毫升，枸杞、红枣、桂圆肉、姜片各少许
调料： 盐、鸡粉各2克

做法

1 锅中注入适量清水烧开，倒入洗净的鹌鹑肉，搅匀，汆去血水，捞出待用。

2 取炖盅，放入鹌鹑肉，加入枸杞、红枣、桂圆肉、姜片。

3 将高汤注入，加入盐、鸡粉，盖好盖，备用。

4 蒸锅上火烧开，放入炖盅，加盖烧开后用小火炖约2小时至熟，取出炖盅即可。

潮汕砂锅粥

⏱ 28分钟　　🍲 增强免疫

扫一扫看视频

原料： 基围虾200克，虾米30克，水发大米350克，冬菜20克，葱花、姜末各少许

调料： 盐、鸡粉、胡椒粉、花生油各适量

做法

1 洗净的基围虾斩去虾须，背部切开剔去虾线，待用。

2 砂锅注水烧热，倒入大米、虾米、姜末、冬菜，再加入少许花生油、盐，搅匀。

3 加盖，大火煮开后转小火煮20分钟，再倒入基围虾，加盖，续煮5分钟至熟。

4 掀开锅盖，加入些许鸡粉、胡椒粉，搅拌片刻，使食材入味，盛出撒上葱花即可。

扫一扫看视频

草鱼干贝粥

⏱ 52分钟　🍵 益气补血

原料： 大米200克，草鱼肉100克，水发干贝10克，姜片、葱花各少许

调料： 盐2克，鸡粉3克，水淀粉适量

做法

1 处理好的草鱼肉切薄片，放入碗中，加盐、水淀粉，拌匀，腌渍入味。

2 砂锅中注水烧开，倒入洗好的大米，拌匀，加盖，用大火煮开后转小火煮20分钟。

3 揭盖，倒入备好的干贝、姜片，加盖，续煮30分钟，揭盖，放入腌好的草鱼肉片。

4 加入盐、鸡粉，拌匀，略煮片刻，关火后盛出，撒上葱花即可。

扫一扫看视频

猪肝瘦肉粥

⏱ 42分钟　🍵 增强免疫

原料： 水发大米160克，猪肝90克，瘦肉75克，生菜叶30克，姜丝、葱花各少许

调料： 盐2克，料酒4毫升，水淀粉、食用油各适量

做法

1 瘦肉洗净切成细丝；处理好的猪肝切片；生菜洗净切成细丝。

2 猪肝加入盐、料酒、水淀粉、食用油，腌渍入味。

3 砂锅中注水烧热，放入泡好的大米，搅匀，加盖，用中火煮约20分钟，倒入瘦肉丝，加盖小火续煮20分钟。

4 倒入猪肝片，搅拌片刻，撒上姜丝，搅匀，放入生菜丝、盐，搅匀调味，盛出，撒上葱花即可。

鱿鱼猪骨虾肉粥

🕐 40分钟　　☁ 增强免疫

扫一扫看视频

原料： 水发大米180克，猪骨段120克，莴笋100克，鱿鱼肉80克，净基围虾70克，鲜香菇30克，香菜10克，姜片少许

调料： 盐3克，鸡粉2克，胡椒粉少许

做法

1 莴笋去皮洗净切丁；香菜洗净切末；香菇洗净切丁；鱿鱼肉打网格花刀，切小块。

2 锅中注水烧开，倒入备好的大米、猪骨段，拌匀，煮沸去浮沫，加盖煮30分钟。

3 倒入笋丁、香菇略煮，加入虾，煮至虾肉呈淡红色，放入鱿鱼块，煮至卷起。

4 加入姜片，搅拌几下，盖上盖，用小火续煮约7分钟至食材熟透。

烹饪小提示

若选用肉较少的排骨，可以先汆水，这样能使骨头中的营养物质更容易稀释出来。

5 揭盖，加入盐、鸡粉、胡椒粉，拌煮入味，撒上香菜末，拌匀，煮至断生即成。

扫一扫看视频

海虾干贝粥

🕐 24分钟　　益气补血

原料： 水发大米300克，基围虾200克，水发干贝50克，葱花少许
调料： 盐2克，鸡粉3克，胡椒粉、食用油各适量

做法

1 洗净的虾切去头部，背部切上一刀。

2 砂锅注水，倒入大米、干贝，拌匀，加盖，大火煮开后转小火煮20分钟至熟。

3 揭盖，倒入虾，稍煮片刻至虾转色，加入食用油、盐、鸡粉、胡椒粉，拌匀入味。

4 关火，将煮好的粥盛出，装入碗中，撒上葱花即可。

干贝蛋炒饭

🕐 3分钟　🍲 保肝护肾

扫一扫看视频

原料： 冷米饭180克，干贝40克，鸡蛋1个，葱花少许
调料： 盐、鸡粉各2克，食用油适量

做法

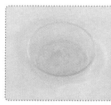

1 洗净的干贝拍碎，备用；将鸡蛋打入碗中，打散调匀，制成蛋液，待用。

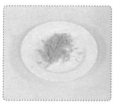

2 热锅注油，烧至三四成热，放入干贝，搅匀，炸至金黄色，捞出待用。

3 锅留底油烧热，倒入蛋液，炒散呈蛋花状，倒入米饭，炒至松散。

4 加入盐、鸡粉，炒匀调味，撒上干贝，炒匀，倒入葱花，炒出香味，盛出即可。

扫一扫看视频

🕐 5分钟

增强免疫

XO酱广州炒饭

原料： 虾仁40克，熟米饭200克，上海青50克，叉烧肉80克，XO酱40克

调料： 盐、鸡粉各1克，生抽5毫升，食用油适量

烹饪小提示

XO酱本身有鲜味，也可不放鸡粉。

做法

1 上海青洗净切小块；虾仁洗净，背部划开，取出虾线；叉烧肉切条，切丁。

2 热锅注油，倒入切好的叉烧肉丁，炒匀。

3 倒入处理干净的虾仁，加入XO酱。

4 放入切好的上海青，翻炒1分钟至断生。

5 倒入熟米饭，压散，炒约1分钟至熟软。

6 加入生抽、盐、鸡粉，翻炒1分钟至入味，盛出即可。

海鲜炒饭

⏱ 3分钟　🫁 降低血脂

扫一扫看视频

原料： 米饭300克，鱿鱼100克，虾仁30克，干贝10克，葱花5克，咸蛋黄1个，鸡蛋1个

调料： 盐3克，鸡粉、食用油各适量

做法

1 干贝洗净压碎或丁；咸蛋黄压扁剁末；鱿鱼、虾仁洗净切丁；鸡蛋打入碗中，搅散。

2 锅中倒入适量清水，大火烧开，倒入鱿鱼、虾仁，拌匀，煮约1分钟，捞出。

3 用油起锅，倒入鸡蛋液，炒熟，加入米饭、干贝、鱿鱼、虾仁丁，咸蛋黄末，炒匀。

4 加入盐、鸡粉，炒至入味，撒入葱花，炒匀，盛出装盘即可。

美味鳗鱼炒饭

⏱ 5分钟　🍽 开胃消食

原料： 鳗鱼90克，火腿肠片40克，米饭160克，蛋液60克，葱花适量

调料： 盐3克，鸡粉2克，料酒5毫升，白胡椒粉2克，生抽4毫升，水淀粉、食用油各适量

扫一扫看视频

做法

1. 鳗鱼切成小段，加入适量盐、料酒、白胡椒粉、生抽、水淀粉，拌匀，腌渍入味。

2. 热锅注油烧热，倒入鳗鱼段，煎至两面微黄，将鳗鱼段盛出，装入碟子，待用。

3. 锅底留油烧热，倒入蛋液，翻炒松散，倒入火腿肠片、米饭，炒匀，淋入生抽，炒匀。

4. 加入盐、鸡粉，翻炒片刻至入味，倒入鳗鱼段、葱花，翻炒出香味，关火后盛出即可。

木瓜火腿蛋炒饭

⏱ 4分钟　🍽 保护视力

原料： 木瓜100克，火腿肠60克，蛋液60克，米饭160克，葱花少许

调料： 盐、鸡粉各2克，生抽2毫升，食用油适量

扫一扫看视频

做法

1. 洗净去皮的木瓜切成块，切片；火腿肠斜刀切段，切片。

2. 热锅注油烧热，倒入蛋液，翻炒松散，倒入火腿肠片、米饭，快速翻炒松散。

3. 淋入生抽，炒匀，加入盐、鸡粉，翻炒片刻至入味。

4. 倒入备好的木瓜片，翻炒片刻，加入葱花，翻炒出葱香味，关火后盛出即可。

老婆饼

⏱ 20分钟　🫘 健脾止泻

扫一扫看视频

原料： 饼皮：低筋面粉400克，猪油50克，蛋黄液、白芝麻各适量

　　　　饼馅：苹果1个，红豆沙90克

调料： 白糖20克

做法

1 苹果洗净去皮，去核切碎成丁，苹果丁加白糖、红豆沙，拌匀，制成馅料。

2 部分低筋面粉加猪油，搓成猪油面团，剩余低筋面粉加白糖、清水搓成面团。

3 面团、猪油面团搓条，摘取小剂子；前者擀成薄皮，猪油剂子放其上，包成球。

4 将面球擀成中间厚四周薄的面皮，取馅料放在面皮上，搓球，压饼状，制成饼坯。

烹饪小提示

包裹生坯时口子一定要捏紧，以防烤的时候露馅。

5 将饼坯刷上蛋黄液，撒上白芝麻，以上火175℃、下火170℃烤约15分钟至熟即可。

南瓜坚果饼

⏱ 5分钟　☁ 益智健脑

原料： 南瓜片55克，蛋黄少许，核桃粉70克，黑芝麻10克，软饭200克，面粉80克

调料： 食用油适量

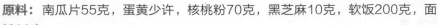

做法

1 蒸锅上火烧开，放入装有南瓜片的小碟子，加盖，用中火蒸熟，取出晾凉。

2 南瓜片切丁，取一碗，倒入软饭，搅拌至其松散，放入南瓜丁，撒上核桃粉，拌匀。

3 放入黑芝麻、蛋黄，搅拌几下，最后放入面粉，拌匀至面粉起筋，即成面粉饭团。

4 煎锅注油烧热，倒入饭团，摊开压平，制成饼状，用小火煎熟透，盛出切块即可。

扫一扫看视频

金枪鱼土豆饼

⏱ 5分钟　💪 开胃消食

原料： 土豆95克，鸡蛋2个，熟金枪鱼肉80克，面粉70克

调料： 盐、鸡粉各3克，食用油适量

做法

1 土豆洗净去皮，切小块；蒸锅上火烧开，放入土豆块，盖上盖，中火蒸熟，取出。

2 将放凉的土豆块放入保鲜袋中，压成泥状；鸡蛋打入碗中，打散调匀，制成蛋液，待用。

3 取土豆泥，加入面粉，和匀，倒入蛋液，搅匀，倒入熟金枪鱼肉、盐、鸡粉，拌匀。

4 煎锅注油烧热，将拌好的材料制成数个小饼生坯，放入煎锅，用小火煎出香味，翻转面饼，煎至两面熟透呈金黄色，盛出即可。

扫一扫看视频

鹌鹑烧麦

⏱ 15分钟　💪 益气补血

原料： 肉胶500克，生粉25克，肥肉丁70克，花生酱15克，食粉5克，枧水5毫升，香菇丁45克，葱花少许，熟鹌鹑蛋70克，烧麦皮数张

调料： 盐3克，白糖3克，鸡粉3克，生抽4毫升，芝麻油3毫升，食用油适量

做法

1 食粉加枧水搅匀后倒入肉胶，加花生酱、盐、清水、白糖、鸡粉、生抽、生粉拌匀。

2 倒入肥肉丁，拌匀，加食用油、芝麻油，拌匀，加入香菇丁、葱花，拌匀成馅料。

3 取馅料放在烧麦皮上，收口，放入鹌鹑蛋，捏紧制成生坯，装入垫有笼底纸的蒸笼里。

4 放入烧开的蒸锅，加盖，大火蒸10分钟，揭盖，把蒸好的鹌鹑烧麦取出即可。

扫一扫看视频

⏱ 15分钟

🤚 增强免疫

玻璃烧麦

原料：小白菜200克，肉末80克，烧麦皮数张

调料：盐4克，鸡粉3克，生抽3毫升，芝麻油2毫升，生粉适量

烹饪小提示

生坯放入烧开的蒸锅，高温蒸汽迅速使生坯均匀受热，烧麦有弹性，吃起来绵软可口。

做法

1 小白菜洗净切丁，把白菜丁装入碗中，放盐，拌匀，挤出多余水分，盛出待用。

2 将肉末倒入碗中，放盐，拌匀，搅至起胶，放生抽、鸡粉，拌匀。

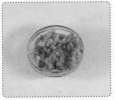

3 加入白菜丁，拌匀，加生粉，拌匀，加芝麻油，拌匀成馅料。

4 取馅料放在烧麦皮上，收成花瓶口状，再加馅料，塞满，抹平成烧麦生坯。

5 把生坯装入垫有笼底纸的蒸笼里，放入烧开的蒸锅。

6 加盖，大火蒸7分钟，揭盖，把蒸好的烧麦取出即可。

扫一扫看视频

清香马蹄糕

🕐 3小时50分钟 🍃 清热解毒

原料： 马蹄粉250克，白糖300克，马蹄肉100克，吉士粉50克，清水1500毫升

做法

1 把马蹄粉倒入玻璃碗，加入吉士粉，加入清水，搅拌均匀，搅拌成浆，把浆过筛，过滤一遍成粉浆，装入碗中。

2 把白糖倒入锅中，用小火翻炒至溶化，加适量清水，搅匀，倒入马蹄肉，拌匀，煮沸，煮成马蹄糖浆。

3 把马蹄糖浆盛出，倒入粉浆中，搅匀，制成马蹄糕浆，把浆倒入模具里，约9分满，放入烧开的蒸锅。

4 加盖，大火蒸30分钟，揭盖取出，待凉后，放入冰箱冷冻3小时至成型，取出即可。

扫一扫看视频

莲蓉包

🕐 55分钟 🍃 益气补血

原料： 低筋面粉500克，泡打粉8克，水200毫升，细砂糖100克，猪油5克，酵母5克，莲蓉40克

做法

1 低筋面粉开窝；细砂糖、酵母入水拌匀；泡打粉入低筋面粉中拌匀开窝。

2 将水分三次倒入低筋面粉中，搓成面团，把猪油放到面团中间，将其揉搓成纯滑的面团。

3 将面团搓条，用手摘几个小剂子，搓球擀薄，取莲蓉放到面皮上，包好，揉搓成圆团，制成生坯。

4 将莲蓉包生坯放在包底纸上放入蒸笼自然发酵40分钟，蒸锅中注水烧热，将莲蓉包生坯用大火蒸4分钟即可。

扫一扫看视频

蜜汁叉烧包

🕐 20分钟　　☁ 清热解毒

原料： 叉烧肉片90克，叉烧馅80克，面种500克，白糖125克，低筋面粉125克，泡打粉12克，臭粉5克

做法

1 把叉烧馅装入碗中，放入叉烧肉片，拌匀，制成馅料。

2 面种加白糖、臭粉、水、泡打粉、低筋面粉，混合均匀，搓成光滑的面团。

3 取面团搓长条，揪成剂子，剂子擀成面皮，取馅料放其上，收口捏紧，成生坯。

4 生坯粘上一张包底纸，入蒸笼，放入烧开的蒸锅，加盖，大火蒸6分钟即可。